高凝油油藏注水开发渗流特征

聂向荣　著

中国石化出版社

图书在版编目（CIP）数据

高凝油油藏注水开发渗流特征/聂向荣著．
—北京：中国石化出版社，2018.4
ISBN 978－7－5114－4832－3

Ⅰ．①高…　Ⅱ．①聂…　Ⅲ．①高凝原油-
注水（油气田）-渗流　Ⅳ．①TE357.6

中国版本图书馆 CIP 数据核字（2018）第 054159 号

中国石化出版社出版发行

地址:北京市朝阳区吉市口路 9 号
邮编:100020　电话:(010)59964500
发行部电话:(010)59964526
http://www.sinopec-press.com
E-mail:press@ sinopec.com
北京科信印刷有限公司印刷
全国各地新华书店经销

*

787×1092 毫米 16 开本 10 印张 243 千字
2018 年 4 月第 1 版　2018 年 4 月第 1 次印刷
定价:46.00 元

前　　言

　　高凝油油藏在世界范围内分布广泛，由于在开发时需要重点关注冷伤害问题，因而被作为一类特殊的油藏进行重点研究。导致高凝油油藏开发不同于常规油藏的本质原因是由于高凝油油藏中渗流流体和储层的特殊性造成了特殊的渗流特征，这些特殊的渗流特征偏离了人们研究已久的典型达西渗流，增加了用理论指导生产的难度，因此深入认识和研究高凝油油藏开发中的渗流特征是有效开发高凝油油藏的前提。

　　为了全面阐述高凝油油藏开发过程中的渗流特征，笔者在多年研究的基础上，经过不断积累和完善，编写完成了《高凝油油藏注水开发渗流特征》一书。全书共分为五章：第一章主要介绍高凝油油藏开发工程中涉及的基本概念和国内外高凝油油藏开发现状；第二章从高凝油的流变性出发，重点探讨油藏条件下高凝油黏温特征、析蜡点和凝固点的测量问题；第三章重点讨论高凝油油藏注水开发时的渗流特征；第四章主要对疏松砂岩高凝油油藏注水开发过程中的出砂问题进行了研究；第五章通过油藏数值模拟技术，研究了不同开发模式及油藏条件下的温度场、压力场和饱和度场的分布特征。

　　本书由"西安石油大学优秀学术著作出版基金"资助出版，在编写过程中得到了多人的帮助和支持，在此一并表示衷心的感谢。另外，对本书所引用的相关研究报告资料的著作者和其他相关研究人员表示感谢，由于篇幅有限在此不能一一列举，深表歉意。

　　限于笔者水平，书中难免存在不妥之处，敬请专家同行和读者批评指正。

目　　录

第一章 概　　述

高凝油具有"三高"的特征，即含蜡量高、析蜡温度高、凝固点高，从而导致高凝油具有容易析蜡的特点。在高凝油油藏开发过程中，如果注水开发方式不当，就可能会对储层造成伤害，从而影响产量。因此，研究高凝油油藏开发渗流特征对于高凝油油藏高效开发具有重要的意义，本章主要概述在进行高凝油油藏渗流特征研究时涉及的基本概念和国内外高凝油油藏开发现状等内容。

第一节　高凝油基本性质

一、高凝油物理性质

高凝油一般是指原油凝固点高于40℃，含蜡量大于10%的原油。高凝油是一种成分非常复杂的混合物，它的物理性质由生油母质性质和热演化程度及原油次生变化等因素决定。

高凝油和普通原油的不同之处主要在于含蜡量的高低，其密度和颜色等物理性质和普通原油类似，密度与稀油相近。大多数高凝油属于未饱和油藏，地面原油相对密度为0.75~0.86，黏度（80℃）为8~454mPa·s。地下原油相对密度为0.775~0.800，黏度为2.2~7.9mPa·s，气油比为22~33m³/t，体积系数为1.102~1.16，压缩系数为（8.92~12.85）×10⁻⁴/MPa。

高凝油含蜡量高，导致其具有高析蜡点和高凝固点的特征。统计结果表明，高凝油含蜡量的变化范围为25%~57%，析蜡点为40~74℃，凝固点为25~59℃，凝固点通常在40℃以上，因而高凝油在常温下通常呈现固态。

我国的高凝油具有"两高一低"的特点，即含蜡量高，凝固点高，含硫量低。我国高凝油含蜡量一般为30%~35%，最高可达57%，凝固点一般为40~50℃，最高可达58℃，含硫量一般小于0.1%。

高凝油的形成基于特殊的地质和地球化学背景，丰富的有机质沉积是形成高凝油的物质基础，陆源高等植物作为生油母质是形成高凝油的主体部分。陆源高等植物和低等水生生物均赋存高凝油先体物质，这些先体物质在弱氧化沉积环境中，在微生物对沉积有机质的改造作用下富集，富含有机质的烃源岩长期处于生油门限至生油高峰之间较低的热演化阶段就形成了高凝油。

二、高凝油化学性质

原油是由烷烃、环烷烃、芳香烃等组成的混合物，并含有一定量的胶质和沥青质。在高凝油族组成中，烷烃的平均含量为 75% 左右，芳香烃和非烃平均含量为 15% 左右，环烷烃平均含量为 10% 左右。高凝油中的 $C_1 \sim C_{19}$ 部分作为高碳数烃的溶剂，C_{20} 部分含量越高，越容易析蜡，C_{45} 部分以上的组分容易引起地层因析蜡而发生阻塞。

高凝油的化学组成主要有以下特点：①高凝油的化学组成与普通原油类似，即碳元素含量为 85.05% ~ 85.60%，氢元素含量为 13.67% ~ 13.88%，硫元素含量为 0.05% ~ 0.12%，氮元素含量为 0.05% ~ 0.14%。②原油中的蜡以正构烷烃为主要成分，但也含有一定量的异构烷烃、环烷烃和芳香烃。③高凝油中非烃类化合物的最主要成分为胶质和沥青质，其含量一般为 5% ~ 20%。

不同油藏的原油的蜡含量是不同的，因此可以根据蜡含量对原油进行分类，如低蜡原油（蜡含量低于 2.5%，如胜利单家寺原油，其蜡含量为 1.86%）、含蜡原油（蜡含量为 2.5% ~ 10.0%，如新疆乌尔禾原油，其蜡含量为 4.7%）、高蜡原油（蜡含量高于 10%，如大庆原油，其蜡含量为 28.6%）。原油中的蜡指的是碳数比较高的正构烷烃，通常把大于 C_{16} 的正构烷烃称为蜡，并且通常原油中蜡的碳数分布以 $C_{20} \sim C_{27}$ 的正构烷烃为主，高碳数和低碳数蜡的含量相对少一些。但有些油田的高碳数蜡的含量也不可忽视，例如在我国吐哈油田的原油中，$C_{30} \sim C_{65}$ 的蜡占总量的 65% 以上。

广义上讲，高碳链的异构烷烃和带有长链烷基的环烷烃或芳香烃也属于蜡的范畴，因此在生产过程中结出的蜡可以分为两大类，即石蜡和微晶蜡（或称地蜡），正构烷烃蜡称为石蜡，它能够形成大晶块蜡，为针状结晶，是造成蜡沉积而导致油井堵塞的主要原因，石蜡的碳原子个数在 17 ~ 35 之间，以正构烷烃为主，另外还含有少量异构烷烃及环烷烃，相对分子质量约为 300 ~ 450，相对密度约为 0.865 ~ 0.948，熔点约为 22 ~ 85℃。支链烷烃、长的直链环烷烃和芳烃主要形成微晶蜡，其相对分子质量较大，碳原子个数在 36 ~ 55 之间，相对分子质量约为 500 ~ 730，熔点范围为 60 ~ 90℃，主要存在于罐底和油泥中，会明显影响大晶块蜡结晶的形成和增长。石蜡与地蜡都是固体烃类，对原油的流变性影响很大，在原油中其含量比例约为 4:1，两者都易溶解于原油中，溶解度都随温度的降低而降低，随熔点的增加而降低。微晶蜡结晶颗粒细小，有很强的结合能力。在对原油进行热处理时，若热处理温度选择不当，会溶解大量微晶蜡，从而恶化原油流变性。

由于高凝油是一个极其复杂的混合体系，所以油田开发现场上对蜡的定义并不严格，一般把与高碳数正构烷烃混在一起的既含有其他高碳烃类（如异构烷烃和环烷烃），又含有沥青质、胶质、盐垢、泥砂、铁锈、淤泥和油水乳化液等的黑色半固态和固态物质统称为蜡。

三、高凝油流变特性

高凝油的特征主要体现在原油性质对温度极度敏感，当原油温度高于析蜡温度时，蜡全部溶解在原油中，原油呈液态单相体系，原油的流动性与普通原油没有太大差别，只是因重烃含量高而黏度稍大，其原油随黏度、温度变化呈现牛顿流体性质，此时，黏度是温度的单值函数 $[\mu = f(T)]$，其流变性质服从牛顿内摩擦定律，并且黏温关系可以用经验公式 $\lg\mu = A - BT$ 来描述。随着温度的降低，当原油处于析蜡温度与凝固温度区间时，蜡在原油中的溶解度下降，原油中的蜡晶依照相对分子质量的大小依次析出，蜡晶为分散相，液态烃为连续相。石蜡分子整齐排列，在范德华力的作用下，许多较小的分子聚集形成较大的分子群，进一步有更多的分子群形成并增大、聚集，开始有蜡晶析出，原油由单一液态逐渐变成悬浮液，形成双相体系，但原油仍为连续相，蜡晶仍高度分散在原油中，这时原油基本上还可以近似认为是牛顿流体。此时，黏度仍是温度的单值函数，其流变性质仍然服从牛顿内摩擦定律。随着温度的进一步降低，蜡晶将逐渐形成稳定的空间网状结构，原油将表现出触变性。当下降至反常点后，由于析出的蜡晶增多并缔结，原油中开始出现海绵状凝胶体，呈现出非牛顿流体的流变特征，具有剪切稀释性，可认为是假塑性流体。当油温进一步下降到失流点或凝固点后，发生转相，蜡晶相互连接形成空间网络结构，成为连续相，液态烃则被隔开而成为分散相，失去流动性，即发生所谓的"凝固"。由于空间网络结构具有一定的结构强度，所以若使原油流动，则务必施加外力克服这一强度，这时原油具有屈服假塑性流体流变特征，并可能同时呈现触变性，为触变性假塑性流体。触变性在稍低于原油反常点时开始出现，而在达到凝固点或固化温度时更为明显。

高凝油凝固属于结构凝固，即由于温度下降，大量蜡从原油中结晶析出，蜡晶之间形成空间网络结构，原油被包封在其中，从而失去流动性。影响凝固点的因素有很多，从流变学角度来讲，我们通常所说的凝固点只代表某种静态条件下的指标，即是完全脱气、脱水的油样在室内静态下测定的数据，称之为"静凝固点"。随着温度降低，蜡析出存在两个过程，一个是蜡晶核的生成过程，另一个是蜡晶生长变大过程。外界条件的变化影响着这两个过程进行的快慢，进而也影响着油样凝固点的高低，因此凝固点是一个条件性的指标。

在实际的油井生产中，含蜡原油具有一定的流速，并溶有一定量的气体和水，我们将这种情况下原油失去流动性的温度称之为"动凝固点"。在这种情况下，流速是影响凝固点的主要因素，流速或剪速的剪切作用破坏蜡晶生长，甚至高的剪切速度可打破蜡晶的空间网状结构，使结构黏度突降或消失。当剪切应力达到某一值时才会出现剪切变形，这说明在这一时刻破坏了蜡的结构，原油开始逐渐流动起来；在这一阶段以后，随着剪切速率的增加，由于蜡的结构逐渐受到剪切破坏，出现了相应剪切应力值逐渐减小的一个过程；当剪切应力的值降到最低点，即蜡的结构完全被破坏时，随着剪切速率增加，剪切应力逐渐增大，此时原油的流动特点表现出假塑性流体的流动特征。

影响高凝油流变性的因素较多，内部因素主要包括原油组分、组分含量等；外部因素包括含水率、温度、剪切速率等。影响油水混合物流变特性的主要因素是温度，研究原油在不同温度下的流变规律就显得非常必要。高凝油对温度极为敏感。当原油温度高于析蜡温度时，呈液态单相体系，黏度随温度变化，具有牛顿流体的性质；若温度降低，处于析蜡温度和凝固温度区间时，仍具有牛顿流体特性，但黏度已明显增加；当原油温度在凝固温度以下时，则呈非牛顿流体的特性，只有在外剪切力的作用下才能流动。

大量实验表明，高凝油在不同温度条件下的渗流特征也明显不同，其注水开发的效果也随温度的不同而有显著的差异。提高注水温度后，由于原油黏度的降低和相渗透率的变化，水驱油效率大幅度提高，可以极大改善注水开发效果，提高水驱采收率。油层温度一旦下降，渗流特征显著变差，对于注水开发的油田来讲，必然导致油井见水早，含水上升速度快，水驱油效率低，注水开发效果差。特别是油层温度与析蜡温度差值小的油田，一旦当油层温度低于析蜡温度，由于析蜡造成油层孔隙堵塞，流动阻力增大，将影响注水开发工作的正常进行，使油田生产陷于被动。现场试验证明，对高凝油油藏注冷水会造成油藏温度明显下降，导致注水井吸水能力下降，降低注水开发的效果。这类油藏可定义为易受冷伤害的高凝油油藏。提高注水压力，增大驱替压力梯度，即提高驱动剪切力，有利于改善高凝油油藏注水开发效果。

在高凝油油藏的开发过程中，由于析蜡导致的开采问题十分突出，其原因之一就是由于高凝油在储层中的流变特征较为复杂。因此，研究高凝油在地层条件下的流变性十分必要。李鸿英（2002）研究了蜡和原油流变性之间的关系，研究结果表明，蜡的含量、性质、形态和结构对原油流变性有较大影响。同时，该研究还表明，析出的蜡含量是影响原油流变性的关键因素，而不是原油初始的含蜡量。高鹏（2007）研究了高凝油黏弹性和原油中蜡晶之间的关系，利用数理统计分析方法表征了蜡晶形态及结构和原油黏弹性之间的定量关系。张劲军（1993）研究了剪切作用对高凝油流变性的影响，研究结果表明，当温度低于凝点5~7℃时，原油呈现出了比较强的剪切历史效应。冯兵（2009）采用长庆油田的高凝油研究了不同剪切速率大小对高凝油流变性的影响，结果表明，低剪切速率能够增加原油的黏度和凝点，长时间高剪切速率会降低原油的黏度和凝点。侯磊（2011）研究了剪切速率和高凝油触变性之间的定量关系，通过对4种不同高凝油在24个温度下的触变性实验，总结出了一个6参数触变性定量描述关系式。李鸿英（2008）综述了热历史对原油流变性的影响，结果表明，目前的研究仅限于定性描述，在定量方面的研究还需要大量的工作。冯兵（2009）研究了不同热处理方式下的原油流变性问题，结果表明，热历史通过改变蜡晶形态以改变原油的流变性。雷俊杰（2012）研究了热历史对高凝油凝点的影响，结果表明，热历史比剪切历史对高凝油流变性的影响更加明显，同时热历史使得原油的凝点升高。徐述华（1986）研究了降凝剂EVA与油溶性表面活性剂202B复配剂处理后的原油凝点可以降低23~27℃。黄仲涛（1990）研究了添加化学剂之后高凝高黏原油的表观黏度，屈服应力和启动压降都有大幅度降低。张帆（1991）研究了高凝油添加降凝剂添加时的最佳温度。刘青林（1993）通过研究表明了原油和降凝剂的"配伍"条件，结果表明，只有当原油和降凝剂匹配时，才能发挥降凝剂的最佳效果。刘忠晖（1994）提出了3个高凝油降凝剂的筛选模式。宋昭峥（2002）研究了添加降凝剂和不添加降凝剂的黏温曲线的测定，结果表明，降凝剂使得牛顿流体的温度范围变小，但是黏度基本无变化。张金俊（2010）研究了降凝剂对原油蜡晶形态的影响，结果表明，添加降凝剂以后，蜡晶

结果变小、变规则。杨涛（2012）研究了彩南原油添加 100ppm（1ppm = 10⁻⁶）降凝剂
EVA + AA 后，原油的牛顿流体温度范围变宽，并且原油的黏度减小。李明（1995）采用
超声波振动法测量了原油的黏度和析蜡点。黄启玉（2005）采用差式量热扫描仪（DSC）
法测量了原油的析蜡量和析蜡点。王宏（2010）运用激光测试法对比了脱气原油与未脱气
原油的析蜡点，发现地层中未脱气的原油析蜡点比地面脱气原油的高。李鸿英（2013）采
用显微镜图像分析法定量研究了原油析蜡点，以蜡晶颗粒数第一个增长阶跃点作为析蜡
点。Venkatesan（2005）研究表明，当温度降低到"云点"以下时，大量的蜡晶析出，随
着温度继续降低，越来越多的蜡晶分子析出后逐渐形成凝胶结构。Kraynik（1990）提出
了三种流体的屈服应力、分别为弹性极限屈服应力、动屈服应力和静屈服应力。
Wardhaugh 和 Boger（1991）总结了大量前人的研究成果，对高凝油的屈服行为进行了研
究，研究结果表明，高凝油的屈服行为分为三个阶段，第一个阶段表现为固体性质阶段，
第二个阶段表现为缓慢蠕变阶段，第三个阶段表现为突然断裂阶段。Chang 等（1998，
1999）提出了三屈服应力模型，该模型能够完整描述高凝油的屈服过程，研究认为，弹性
极限屈服应力和静态屈服应力是真实的，与屈服前的高凝油结构强度相关。高凝油是一种
复杂的混合物，其流变性受到多种因素的影响，高凝油流变曲线是油气田开发和油气储运
设计的重要参考依据。Létoffé 等利用偏光显微镜研究了模型油中的蜡晶特征以及蜡晶随温
度的变化情况，研究显示，模型油中的蜡晶大小取决于石蜡碳链的长度，蜡晶大小一般在
1 ~ 3 μm 之间。Anderson 等研究了蜡的组成对蜡晶形态的影响，结果显示，蜡的组成越复
杂，形成的蜡晶尺寸越小。Kevin 等研究了添加剂对脱气原油中蜡晶的影响。Moussa 等利
用透射电子显微镜针对微观蜡晶结构特征和高凝油流变性之间的关系做了定性解释和实验
研究。

对于石油产品的凝点而言，目前执行几种标准。凝点是样品失去流动的最高温度。高
凝油是一种复杂的混合物，它的凝点受多种因素的影响。许多的实验结果表明，降凝剂能
够影响原油的凝点。一些研究表明，热历史和剪切历史也能够影响高凝油的凝点。

影响高凝油流变性的主要因素有：

（1）高凝油的热处理是影响原油低温流动性的主要因素。将原油加热到特定温度，使
原油中的石蜡结晶等分散相溶解在液相中，在原油的降温过程中，蜡晶重新析出形成新的
结晶体系，从而改变原油流变性，在工程应用上称为热处理改性输送，其本质就是利用高
凝油流动性与原油加热温度的关系，来得到有利于管道输送的流动性能。当热处理温度适
当时，新的结晶体系如若形成松散的枝状流变体结构，就能达到改善原油流变性的目的。

（2）降温速率的不同能改变蜡晶晶核的生成速率和晶体的生长速率，导致蜡晶颗粒尺
寸、形状各异，最终造成原油宏观流变性的不同。慢速降温与快速降温会使蜡晶颗粒呈现
相反的生长趋势，原油的凝结程度有很大差异，屈服应力也随之不同。降温方式分为静态
降温与动态降温。通过光学显微镜观察原油试片，可以看出两种降温条件下形成的蜡晶形
态是不同的。动态降温下，不同的剪切速率会影响聚集体的大小，而且在不同的降温阶
段，剪切历史对流变性的影响也是不同的。

（3）在高凝油中添加降凝剂是原油改性的主要手段之一，降凝剂与蜡晶分子通过吸附、共晶作用改变蜡晶的生长过程，改变蜡晶的形状、尺寸，阻碍蜡晶结合形成空间网络结构，从而改善原油的宏观流变性。

第二节　高凝油渗流特征

在高凝油的开采过程中，原油从地层温度较高的地方流向地层温度较低的地方，当温度低于原油析蜡点时，就会有蜡晶析出，随蜡晶析出量的增多，沉积的蜡会堵塞流动孔道。当地层温度降至凝点时，原油凝固，无法自然流动。对于高凝油凝固点高、含蜡量高的特点，温度对原油在地层中的流动起决定性的作用。

李应林（2010）通过物理实验的方法研究了温度对高凝油驱油效率的影响。实验研究了不同注水温度（60℃、65℃）对高凝油水相渗、驱油效率以及含水率的影响。研究结果表明，温度升高，束缚水饱和度升高，残余油饱和度降低；在相同含水饱和度下，油相的相对渗透率随温度升高而增大，水相的相对渗透率随温度的升高而降低，油水相对渗透率曲线交叉点向含水饱和度增大的方向移动。在相同驱替孔隙体积倍数下，65℃的驱油效率要高于60℃的驱油效率，而65℃水驱的残余油饱和度要低于60℃水驱的残余油饱和度。田乃林（1996）采用沈北油田的天然岩心在不同条件下饱和地层水，进行了油驱水实验，结果表明，温度是决定高凝油渗流特征的重要因素，当温度高于反常点时，高凝油呈现出牛顿流体的特征，当温度低于反常点时，高凝油呈现出非牛顿流体的特征，高凝油的渗流特征还受到启动压力梯度的影响。陈仁保（2007）通过实验研究表明，随着温度的降低，高凝油的渗流能力越来越低，在凝固点附近，高凝油几乎不能渗流。张建伟（2009）通过实验研究了裂缝性高凝油油藏的渗流启动压力梯度问题，实验结果表明，在低温下，裂缝性高凝油油藏存在启动压力梯度，温度越低，启动压力梯度越大。李星民（2009）采用曹台潜山高凝油研究了温度、流压和围压等多种因素对高凝油在岩心中渗流启动压力梯度的影响，研究结果表明，温度是影响高凝油启动压力梯度的主要因素，温度越高，启动压力梯度越小，当温度低于析蜡温度时，随着温度的降低，启动压力梯度急剧增大。姚传进（2011）研究了注水开发过程中高凝油油藏的冷伤害问题，研究结果表明，高凝油油藏分为容易受冷伤害的油藏和不容易受冷伤害的油藏，当注水温度低于油藏温度时，可以在注水井附近形成一个冷伤害区域。杨滨（2012）采用两块不同渗透率级别的岩心，研究了温度对相对渗透率曲线和渗流能力的影响程度，结果表明，当注水达到1PV时，岩心渗透率的渗流能力下降最为明显。朱维耀（2007）利用高温高压微观可视模型研究了凝析油－气－固的流动特征，直观地观察到了凝析油的流动现象，研究结果表明，蜡沉积发生在多孔介质表面，并且随着气相而发生悬浮和推移。

马艳丽（2006）建立了同时考虑扩散效应、剪切弥散、沉积老化、温度梯度及流体性质的蜡沉积数学模型，该数学模型可以预测含蜡原油开采过程中的蜡沉积剖面。蜡沉积机理一共包含四种机制，分别是分子扩散、剪切弥散、布朗扩散和重力沉降。现在大多数学者认为分子扩散是蜡沉积的主要机制，并认为其他三种机制可以忽略，蜡分子向管壁的扩散速率可以用 Fick 扩散方程描述。国内外学者通过实验和机理分析，建立了一系列的动力学数学模型用来描述蜡沉积过程。Won（1985）首次提出了蜡沉积热力学数学模型，该模型仅仅考虑了液固两相平衡，并且将原油假设为理想溶液。Won（1986）采用修正的溶液理论描述了液固两相平衡，并且引入了溶解度参数来描述非理想性的固体混合物。Hansen（1991）采用聚合物溶液理论描述液相，将固相假设为一理想混合物，则固相的活度系数就是 1，该模型的参数都是通过实验获得的，因此和实验结果十分接近。Galeana（1996）建立了一个多固相数学模型，研究认为，不是所有的 C_7^+ 都发生沉积，于是将沉积物假设为由多种固相组分构成。Pauly（1998）采用 Wilson 方程描述固相，该模型在窄烷烃分布中得到了良好的结果。但是烷烃分布加宽后，模型预测结果对轻组分的析出量会高估，因而该模型应用于宽烷烃分布时，存在一定的误差，为了解决该问题，Continho（1999）和 Singh（2001）对该模型进行了改进。Otung（2012）建立了一个新的热力学平衡模型，并且将其命名为"WD 预测模型"，通过与大量实验数据进行对比分析，证明了该模型的可靠性。

国内外学者通过大量的实验分析，建立了石蜡沉积动态预测模型。例如 Burger（1981）模型，该模型同时考虑了分子扩散和剪切弥散这两个因素对蜡沉积的影响，然而其后大多数的研究者认为剪切弥散能够导致蜡晶沉积。Hsu 等建立了一套高压紊流实验环道实验装置，该实验装置重复性好，与现场实验数据接近，根据实验结果，Hsu 等提出了蜡沉积倾向系数的概念，并且给出了通过压差法计算蜡沉积速率的方法。黄启玉通过实验证明了剪切弥散对蜡沉积基本没有影响，并且在此基础上建立了一个新的蜡沉积数学模型，这个数学模型表明，蜡沉积倾向系数与管壁剪切应力、管壁温度梯度相关。Ali Razouki（2010）采用热 - 质模拟法计算了浓度梯度，建立了新的蜡沉积数学模型，计算结果更加准确。Hamidreza（2012）建立了湍流条件下的蜡沉积预测模型，该模型提出了一个新的剪切效应关系。

水驱效果影响因素的研究主要是通过室内物理模拟实验和数值模拟得出的。王强、卢德平从物理模拟实验入手，从微观渗流机理出发，分析了冷伤害带来的危害，研究了高凝油在高于析蜡点和低于析蜡点的各个温度下的流动特性和驱油效率，得出了温度对高凝油的流动特征、驱油效率的影响，以及温度与采出程度和含水率的关系，对高凝油油藏防治冷伤害具有一定的借鉴意义。姚为英通过室内实验研究沈84—安12区块注冷水驱油效果，认为如果油层温度与高凝油析蜡温度的差值在注水后温度下降的温度差上时，注普通冷水一般不会在油层中造成蜡沉积。当析蜡温度接近地层温度时，会产生冷伤害，对其开发应采取相应措施使油层温度保持在原油析蜡温度以上。沈84—安12区块开发实践表明，常温注水开发地层存在冷伤害。李菊花、凌建军利用数值模拟方法，研究了热水驱对高凝油油藏开采效果的影响，研究表明，注水温度和注水速度均影响驱油效率。注水温度影响地层半径有限。当注水温度在析蜡温度以下，原油中的蜡晶析出，渗流阻力增大，注入井井底压力上升,导致油藏吸水能力低;注入速度增大,油藏吸水能力增强。因此,在热水驱开采高凝油油藏过程中,应根据原油特性选择适宜的注水温度,确定合理的注水速度从而提高其采收率。阳晓燕(2011)利用数值模拟技术研究了不同注水井网、不同注水温度和不同注水量下的温度场和采收程度问题,并且创新性地将整个温度场划分为三个部分,分别为析蜡区、降温区和波及区。王黎(2011)采用数值模拟技术优化了采油速度和转注时机问题,结果表明,在合理利用天然能量的条件下,适时注水可以改善开发效果。袁德雨在研究张店高凝油田注水因素时提出,宏观上影响高凝油开发的技术参数主要有注入温度、注入速度、注入方式和注入时机等。

第三节　高凝油油藏开发现状

高凝油在全球分布较为广泛,世界上著名的高凝油油田有前苏联的乌津(Uzen)油田、印度尼西亚的米纳斯(Minas)油田、美国的阿尔特蒙特(Altamont)油田,中国的沈阳油田、魏岗油田、枣园油田等。目前,美国、俄罗斯都有一些高含蜡、高凝固点油田投入大规模开采。美国的落基山区、南路易斯安纳、北密执安、加利福尼亚等均有许多高蜡高凝油油田。尤其是犹他州的阿塔蒙油田,开采规模很大,1978年该州有15个油田投入开发,这些油田的含蜡量达50%,凝固点46℃,井深3000~4000m,油层温度100℃,开采和输送都相当困难,原油一般在井筒上部就开始凝固。阿塔蒙油田于1970年投入开发,主要生产层是瓦萨奇层,深度约2700~3900m,井底温度93.3℃,油田含水75%,原油的凝固点35~52℃,析蜡点71~77℃。而位于前苏联西哈萨克斯坦的乌津油田基本情况是,地质储量约$10 \times 10^8 t$,油藏深度530~2600m,油层厚度30~70m,气油比为52~62m^3/t,原油相对密度0.84~0.86,含蜡量28%,脱气油凝固点25~32℃,单井日产量初期为70~90t。

国内,辽河油田的沈阳采油厂具有丰富的高凝油储量,是我国目前最大的高凝油生产基地,在探明的含油面积103.7km^2、地质储量$2.9 \times 10^8 t$中,高凝油约占80%。高凝油主要分布在辽河断陷盆地大民屯凹陷油藏中,其凝固点最高为67℃,含蜡量达到40%以上。我国除了沈阳油田外,还有一些油田或区块,如河南魏岗油田、大港枣园油田、高尚堡油田等,原油含蜡量和原油的凝固点都较高。河南魏岗油田、大港小集油田和辽河沈84—安12区块、沈95区块、牛心坨油田为砂岩高凝油油藏,层多、井段长,平均单层厚度为2~8m。于20世纪80年代开发的辽河边台油田、东胜堡油田和2001年以来相继被发现和投入开发的沈625—沈229、沈257、沈628等断块属于低潜山裂缝性高凝油油藏。高凝油油藏与以往砂岩油藏的最大区别在于储层埋藏深,因此地层温度高,与高凝油凝固点的温度相差也大,衰竭开采和注水开发引起的油藏内部析蜡或冷伤害影响都比较小。

高凝油油藏在全球范围内广泛分布,目前对于高凝油油藏的开发主要有以下几种方式。

一、弹性开发

高凝油油藏一般为多油组层状砂岩构造油藏，受断层切割，由众多断块组成。储集层为砂泥岩互层，油层稳定性较差，边底水不活跃。油藏原始气油比一般小于 $35m^3/t$，地饱压差大（表1-1），属低饱和油藏。依靠天然能量开采，由于弹性能量小，压力下降快。油井产量递减快。据油田资料统计，一般油井弹性产能为 1500~5000t/MPa，递减速度为12%。其中，部分高凝油油藏在弹性能量开采阶段，平均每采出1.0%的地质储量，压力下降1.8MPa，因此这类油藏需补充能量，一般实施注水开发。

表1-1　我国部分高凝油油藏主要参数

油　田	河南魏岗			辽河静安堡	大港小集
区　块	一、二	三	四	沈84区块	一
层　位	核二	核二	核二	核二	核二
埋藏深度/m	1581	1547	1413	1975	2982
油层厚度/m	7.4	8.1	8.0	52.1	43.7
油层渗透率/$10^{-3}\mu m^2$	501	471	944	158.6	60~260
油层孔隙度/%	21.0	19.1	21.1	19.3	14.1~16.9
原油黏度/mPa·s	10.51~12.89	10.51~12.89	5.84	8.03~45.44	
原油油相密度	0.854~0.858	0.854~0.858	0.854~0.858	0.865	0.709~0.748
原始气油比/（m^3/t）	22.4	32.0	10.4	33.0	
地层温度/℃	76.7	75.2	69.0	71.0	111.5
油藏压力/MPa	15.05	15.01	13.85	19.25	32.18
饱和压力/MPa	3.88	5.38	1.59	9.26	10.2~13.9

二、注冷水开发

目前，多数高凝油油藏仍采用注冷水开发。张崇刚等通过对沈84—安12区块十几口注水井的压降资料进行分析研究及解释评价，指出注入水的水质及温度，尤其是温度对高凝油油藏的影响十分明显，温度过低会使高凝油油藏受到严重污染，降低最终采收率。

高明等利用室内实验分析了高凝油油藏储层敏感性、流体性质和不同温度下的水驱油规律。结果表明：温度和储层敏感性对高凝油油藏的开发影响较大；通过对沈84—安12区块注水井温度进行测试表明，目前该区块地层存在冷伤害，如果油层温度下降过快，应适当考虑提高注入水温度，使油层温度高于析蜡温度，改善油田开发效果。

姚凯等考虑高凝油石蜡组分溶解在原油中、分散颗粒悬浮在原油中、沉积在孔隙壁面3种形态，建立高凝油油藏冷伤害机制数学模型。由于注入冷水将导致近井带温度很快降到析蜡点以下并逐步向外推进，他认为油藏温度场的变化是影响高凝油油藏开发效果的主控因素。

部分高凝油油藏注冷水开发后地层温度的变化结果见表1-2，高凝油油藏注冷水后一般会在井底50～75m半径内形成降温带，由表1-2可知，在注入不同孔隙体积倍数条件下，温度降低一般小于30℃。如果油层近井地带不会由于注冷水而使油层产生冷伤害，此类油藏可以采取注普通冷水开发方式。

表1-2　部分高凝油油层注冷水油层温度变化

序　号	注入孔隙体积倍数/PV	原始油层温度/℃	注水后实测温度/℃	温度降低/℃
1	2.46	42.3	30.8	-11.5
2	2.60	73.0	61.0	-21.0
3	1.26	68.7	44.7	-24.0
4	0.17	72.0	67.0	-5.0
5	2.31	72.0	62.0	-10.0
6	2.30	72.0	61.0	-11.0

三、注热水开发

高凝油油藏在注冷水开发过程中，存在有机堵塞、水敏堵塞、冷伤害堵塞以及固体颗粒堵塞等问题，而注热水则保持了油层温度和压力，可达到解堵储层和提高储层吸水能力的目的，而且在注入水温度优化后，还可以节能降耗，降低注水开发成本，目前我国有许多高凝油油藏采用注热水开发方式。

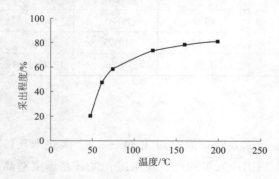

图1-1　不同注水温度下的采出程度

潍北油田是我国注热水开发的典型案例。潍北油田地处山东省潍坊市寒亭区和昌邑市境内，为低渗高凝油断块砂岩油藏，平均渗透率为$22.4 \times 10^{-3} \, \mu m^2$，平均孔隙度为25.0%。油井产能低，注水井吸水效果差。潍北油田大部分油井的开采层段深度不足1500m，油层温度略高于析蜡温度。另外，该油田还存在非常严重的水敏现象，可以导致地层形成水敏堵塞。因此，储层堵塞是潍北油田开发效果差的主要原因。通过开展注热水开发，使潍北油田的低效开发状况得到了改善。

高凝油油藏注热水开发在我国其他油田也得到了广泛应用，许多学者开展了室内注热水实验。夏国朝利用大港枣园油田高凝油实验测定了不同温度下水驱油效率的变化，实验结果如图1-1所示，可以看出提高注水温度将大大提高水驱油效率，改善油田注水开发效果。

四、注蒸汽开发

采用蒸汽驱开发高凝油油藏，注蒸汽参数直接决定着油藏的开发效果。孟强以曹台高凝油油田为例，对注蒸汽强化开采适应性进行了研究，得出影响注蒸汽开发效果的因素包括原油黏度、有效厚度、油层系数以及原始含油饱和度、孔隙度与含油量等地质因素，以及注汽量、注汽速度、焖井时间、注汽周期及蒸汽干度、注水速度、注水温度、转注时间等工艺参数。

王霞对曹台高凝油油田进行注蒸汽数值模拟研究，结果表明，注汽干度、温度对开发效果影响较小，注汽速度对产油速度的影响较大。

高凝油油藏在注水开发时，其注水开发的效果也随温度的不同而有显著的差异。提高注水温度后，由于原油黏度的降低和相渗透率的变化，水驱油效率大幅度提高，可以极大改善注水开发效果，提高水驱采收率。油层温度一旦下降，渗流特征就显著变差，对于注水开发的油田来讲，必然导致油井见水早，含水上升速度快，水驱油效率低，注水开发效果差。特别是油层温度与析蜡温度差值小的油田，当油层温度一旦低于析蜡温度，由于析蜡造成油层孔隙堵塞，流动阻力增大，将影响注水开发工作的正常进行，使油田生产陷于被动中。

采用常规注冷水的方法开采高凝油，会导致产量递减快，采出液含水过高，采出程度极低。另外，由于其凝固点高，在长期的注水开发中严重地损伤了储层物性，凝析出的固体油堵塞了很多孔隙结构。有的甚至严重到堵塞井筒的地步，故而开采高凝油可采用注热水或注蒸汽的热采方式。建议对于注冷水开发已造成冷伤害的区块，实行蒸汽吞吐恢复高凝油的流动能力，然后转注热水或热水段塞保持地层温度开采。

田乃林指出了未开发的高凝油油藏的三种不同开采方式：①当地层温度高于反常点（并且油层深度大于2000m）时，采用注热水或热水段塞的方法，保持地层温度开采。②当地层温度低于凝固点（油层深度小于700m）时，采用蒸汽驱方法开采。③当地层温度介于反常点与凝固点之间时，采用注热水方法还是注蒸汽方法开采，要通过计算优化选择决定。提高温度可以提高高凝油的采收率，当地层温度高于反常点时，升高温度，采收率的提高不显著；当温度低于反常点时，升高温度，采收率有显著提高。

我国已开发的高凝油油藏均为多层非均质层状砂岩油藏，对这类油藏在注水或注热水段塞开发过程中，为了发挥各类油层的生产能力，减小油井生产过程中的层间干扰，提高储量动用程度，一般在经济有效的条件下细分开发层系。对此，一般遵循着下列原则：①同一开发层系应具有相近的油水系统；②同一开发层系应具有统一的压力系统；③不同的开发层系间应具有良好的隔层；④同一开发层系内，开采井段不宜过长，有一定的生产能力。

由于已开发的高凝油油藏一般为复杂断块油藏，从注采井网应取得最大波及面积（体积）考虑，多采用不规则面积注采井网，但并不排除有一个基本的井网格式，在选择时可应用注采平衡原则，即按油层采液指数与吸水指数比值的大小选择注采井数比。当吸水指数远大于采液指数时，注采井数比应小于1.0，选四点、五点或反九点井网。当吸水指数接近采液指数时，则选用强化的注采井网。

第二章　高凝油流变特征

高凝油在低温条件下蜡晶析出，呈现出了非牛顿流体的特性，深入认识其流变特征是解释和分析各种实验现象和生产问题的重要前提。为此，本章主要研究了高凝油的流变特征，高压条件下析蜡点和凝点的测量方法以及低温条件下高凝油剪切破坏的力学特征等。

第一节　常压下高凝油流变特征

一、黏温特征

高凝油的特殊性主要体现在原油性质对温度极其敏感。以苏丹某高凝油油藏油样的黏温曲线为例，如图 2-1 所示。从黏温曲线上可以看出，曲线上有两个明显的临界点，这两个临界点将曲线划分为三个温度区域。两个临界点分别对应于原油的反常点（即原油由牛顿流体向非牛顿流体转变的临界温度）和析蜡点。可以看出，该油样的析蜡点在 63℃ 左右，反常点在 46℃ 左右。

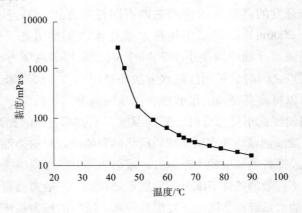

图 2-1　油样黏温曲线

当原油温度高于析蜡温度 63℃ 时，蜡晶全部溶解于原油中，原油呈液态单相体系，原油的流动性与普通原油没有多大差别，原油的黏度随温度变化呈现牛顿流体性质。此时，黏度是温度的单值函数 $[\mu = f(T)]$。并且，黏温关系可以用经验公式 $\lg\mu = A - BT$ 来描述。

随着温度的降低，当原油处于反常点与析蜡点区间时，蜡在原油中的溶解度下降，原油中的蜡晶依照分子量的大小依次析出，蜡晶为分散相，液态烃为连续相。原油由单一液态逐渐变成悬浮液，形成双相体系，但原油仍为连续相，蜡晶仍高度分散在原油中，这时原油基本上还可以近似认为是牛顿流体。这个时候，黏度仍是温度的单值函数，其流变性质仍然服从牛顿内摩擦定律。

由图2-1得到牛顿流体范围内的黏温方程如下：

$$\lg\mu = 3.266 - 0.0184T \qquad T \geqslant 63℃ \qquad (2-1)$$
$$\lg\mu = 4.596 - 0.04T \qquad 46℃ \leqslant T \leqslant 63℃ \qquad (2-2)$$

析蜡点以下的黏温关系的斜率较大，表明随着温度的下降，原油黏度的增大更迅速，也即黏度受温度的影响更大。这是由于一方面蜡的析出使黏度受温度的影响更大；另一方面此时析出的蜡量较少，蜡晶均匀分散于连续相中，原油宏观上仍为牛顿流体。

当温度低于反常点后，析出的蜡晶增多、增大并缔结成海绵状凝胶体，此时的原油黏度是温度与剪切速率两者的函数，为具有剪切稀释性的非牛顿流体。油温进一步降低，则更加有利于蜡晶的相互缔结和联络，相互连接形成空间网络结构，此时蜡晶成为连续相，液态烃则被隔开而成为分散相，原油只有在外力作用足以克服其结构强度之后才表现出一定的流动性。低于反常点的高凝油通常具有触变性，并且随着温度的降低，触变性愈加明显。

二、流变特征

在不同温度范围内，高凝油呈现不同的流变特性。使用美国 BROOKFIELD - Ⅱ 旋转黏度计测定脱气油样的流变曲线。从苏丹某高凝油油藏原油所测定的流变曲线（图2-2）中可以看出，当测量温度为70℃时，所测得的曲线是一条过原点的直线，即油样流动时，剪切应力与剪切速率之间呈线性本构关系，此为牛顿流体的特点，本构关系为：

$$\tau = 0.095\gamma \qquad (2-3)$$

当测量温度降低到60℃时，其流动特点显示，当流体开始受到外力作用时并不流动，此时性质类似于固体。当剪切应力逐渐增加，达到某一值临界值（4.785Pa）时，油样开始流动，此时的临界剪切应力就是屈服应力。开始流动以后，流体的流态与牛顿流体相同，其本构关系为：

$$\tau - 4.785 = 0.1687\gamma \qquad (2-4)$$

当温度降到45℃时，流变曲线已不再是

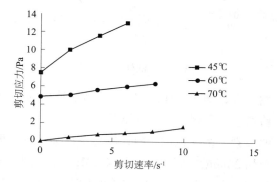

图2-2 油样在不同测量温度下的流变曲线

直线，流体呈现出非牛顿流体的特性。有如下特点：①外力较小时观察不到流动，当外力达到某一个值时，原油从蠕变到突然裂解，产生流动，说明该温度下的原油已成为有屈服强度的絮凝体。②具有明显的触变性。在恒温下，外力作用使蜡晶网络被破坏，分子团被拆散，拆散的分子团又要碰撞凝聚，随着剪切作用时间的延长，拆散（或破坏）和凝聚达到动平衡态，表观黏度不再随剪切作用时间而下降。体系的表观黏度是温度、剪切速率、剪切作用时间的函数。

三、近凝固点的触变性

当油样处于近凝固点附近时，流变特征呈现出与时间有关的非牛顿流体特性，即当温度恒定，油样在恒温、恒剪切速率的剪切作用下，体系中蜡晶颗粒的存在状态发生变化，随时间的延长，表观黏度将逐渐减小，直至基本不变，此时油样处于动平衡状态。当撤消剪切应力后，体系内颗粒受范德华引力而重新发生缔结并逐渐恢复到稳定状态，其表观黏度又随时间的延长而增大。可以从滞回曲线以及触变曲线的测定来研究近凝固点原油的触变性。

1. 滞回曲线测定

取适量油样加热至 70℃（高于析蜡点），稳定 10min 后降温至 35℃，稳定时间达到 10min 后分别以 0.5 s^{-1}、1 s^{-1}、2 s^{-1}、4 s^{-1}、6 s^{-1}、8 s^{-1}、10 s^{-1}、15 s^{-1}、20s^{-1} 的剪切速率进行剪切，测定剪切应力，每个速率点持续时间 1min。当剪切速率达到 20s^{-1} 时，持续剪切 5min，测定动平衡曲线。接着以上述速率点从高到低继续剪切测定剪切应力。图 2-3 为测定的油样近凝固点原油的滞回曲线。

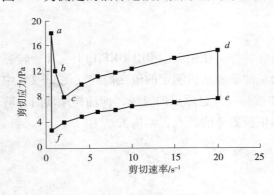

图 2-3　油样滞回曲线

从图 2-3 中可以看出，油样具有触变性，其触变行为可用以下六个阶段说明：①以 0.5 s^{-1} 的剪切速率对油样进行初次剪切时，由于原油已经具有一定强度的结构，所以剪切应力迅速上升至最大值 18.2MPa。②对油样施以剪切速率，一方面油样中的网络要破裂而导致阻力减小，应力减小；另一方面增加剪切速率，剪切应力也相应增加。由于刚产生流动时，剪切速率足够小，此时导致应力下降的因素占主导地位，应力会突然下降，即 a→b 段；③随着剪切速率的小幅度增加，导致剪切应力上升的作用逐渐增强，剪切应力下降的幅度逐渐减弱，即 b→c 段；④ 剪切速率增加到一定值后，导致应力上升的因素占主导地位，剪切应力会逐渐上升，即 c→d 段；⑤ 剪切速率增加到最大值 20 s^{-1} 剪切 20min，剪切应力从 14.5MPa 降低到 9.1MPa 后基本保持不变，此时油样的流动处以稳定状态，即 d→e 段。⑥逐渐降低剪切速率，测得 e→f 段。

滞回曲线环是定量描述原油触变性的一种手段，油样的触变性强弱可用滞回曲线环所圈闭的面积大小来说明。从图 2-3 中可以看出，油样在近凝固点处具有的触变性较强，一旦形成具有一定强度的组织结构，要想破坏它是非常困难的。

2. 触变曲线测定

取三份适量油样加热至 70℃（高于析蜡点），以 1℃/min 的温降速度降至 35℃，保证油样具有相同的热历史作用。稳定 60min 后分别以 10 s^{-1}、15 s^{-1}、20s^{-1} 的剪切速率对三份油样进行剪切，测定剪切应力随时间的变化。图 2-4 为高凝油油藏油样近凝固点处原油的触变曲线。

从图 2-4 中油样的触变曲线可以看出，该油样主要呈现以下应力衰减特点：①原油需要一个很高的初始剪切应力才能再启动，即只有超过了启动应力，才能改变黏度，在不同的剪切速度下又有不同的初始剪切应力。②应力衰减主要发生在剪切初期，10min 内衰减率达到 45%，整体上 30min 后，均可达到动平衡状态。③不同的剪切速率所达到的剪切应力平衡值不同，是因为不同的剪切速率对油样网络组织的扰动程度不

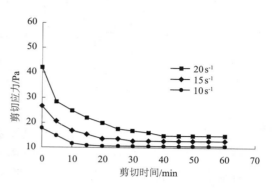

图 2-4　油样触变曲线

同，表现为不同速度下摩擦阻力不同，因此剪切应力也不同。速度越大摩擦越大，所达到的剪切应力平衡值越大。

触变曲线是定量描述原油触变性的另一种手段，根据触变曲线上剪切应力的衰减程度可以评价该剪切速率对油样的剪切稀释程度。在高剪切速率下，应力衰减程度为 62%，剪切稀释程度较大；在低剪切速率下，应力衰减程度为 44%，剪切稀释程度较小。

第二节　油藏条件下高凝油流变特征

一、油藏条件下流变性

1. 油藏条件下黏度测量

高凝油在油藏条件下处于高压含气状态，而常规研究高凝油流变性的旋转流变仪已经不能满足研究需要，需要采用能够模拟油藏条件时的高凝油流变性测试仪器，利用毛细管流变仪可以测定高温、高压条件下的高凝油的流变性，它能保持温度、压力、含气等条件，且流动状态与单根孔隙中的流动类似，同时该仪器与 PVT 装置相连，便于含气原油的转入，以及其他 PVT 物性参数的成套测量。采用美国 RUSKA 公司生产的 PVT-2730 高压物性实验装置附带的毛细管黏度计，其示意图如图 2-5 所示，测试仪耐高温（150℃）、耐高压（75MPa），由于实验样品为高凝油，黏度较高，按照高压黏度计毛细管半径的选取标准，选用半径为 0.03in 的毛细管。

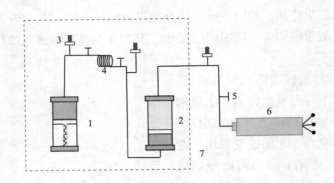

图 2-5 毛细管黏度计示意图

1—PC 釜；2—FPC 釜；3—压差传感器；4—毛细管；5—阀；6—辅机；7—恒温箱

高压毛细管黏度计的测量原理如下：哈根－泊肃叶方程如式（2-5）所示：

$$Q = \frac{\pi r^4 \Delta p}{8 \eta L}$$

(2-5)

式中　Q——体积流量，m^3/s；

　　　r——毛细管半径，m；

　　　Δp——毛细管两端压差，MPa；

　　　η——流体的表观黏度，$10^9 mPa \cdot s$；

　　　L——毛细管长度，m。

结合管壁处的最大剪切应力 τ_{max}（单位：MPa）计算公式：

$$\tau_{max} = \frac{\Delta p}{2L} r$$

(2-6)

可得到管壁处的剪切速率 γ（单位：s^{-1}）为：

$$\gamma = \frac{4Q}{\pi r^3}$$

(2-7)

可以看出，通过记录流量 Q 和表观黏度 η，利用式（2-5）和式（2-7）即可得到相应剪切速率 γ 下流体的表观黏度 η。

本实验样品为乌干达某油田高压含气条件下的高凝油，实验设定 5 种流量分别为 $1cm^3/min$、$1.5cm^3/min$、$2cm^3/min$、$2.5cm^3/min$ 和 $3cm^3/min$，通过式（2-7）计算可得对应的剪切速率依次为 $384.34s^{-1}$、$576.51s^{-1}$、$768.68 s^{-1}$、$960.85s^{-1}$ 和 $1153.02s^{-1}$。分别测定每个剪切速率下，在压力为 22.87MPa，温度为 30~85℃变化过程中原油样品的流变曲线，结果如图 2-6 所示。

当温度较高（大于 45℃）时，原油样品表现为牛顿流体，表观黏度不随剪切速率的变化而变化；当温度较低时，原油样品表现为假塑性非牛顿流体，随着剪切速率的提高，表观黏度呈下降趋势，具有典型的剪切变稀特性。在 30~35℃温度区间内，当剪切速率为 $380~800s^{-1}$ 时，表观黏度随剪切速率增大而降低的程度较大，非牛顿流体行为较为显著；当剪切速率大于 $800s^{-1}$ 时，表观黏度的下降趋于缓慢，非牛顿流体行为表现为随剪切速率

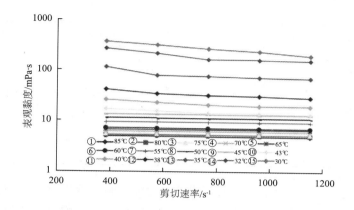

图 2-6　不同温度下表观黏度与剪切速率的关系曲线

注：图中曲线自下而上对应序号依次为①～⑮。

的增加而减弱。由此可见，通过增加剪切速率实现含蜡原油降黏的方法具有一定的局限性，这一认识对含蜡原油的有效开采具有指导意义。

2. 油藏条件下黏温特征

在低温条件下，高凝油呈现出了非牛顿流体的特性，为了定量表征高凝油的非牛顿流体特征，常用幂律方程表示其流变性，即：

$$\eta = k\gamma^{n-1} \tag{2-8}$$

其对数形式为：

$$\lg\eta = \lg k + (n-1)\gamma \tag{2-9}$$

式中　k——稠度系数，$mPa \cdot s^{n-1}$；

　　　n——非牛顿指数，无量纲。

可根据 n 的大小判断流体的性质。当 $n > 1$ 时，流体为膨胀性流体（剪切变稠）；当 $n < 1$ 时，流体为假塑性流体（剪切变稀）；当 $n = 1$ 时，流体为牛顿流体。

对图 2-6 中的数据按照式（2-9）在半对数直角坐标系中进行线性回归拟合，根据直线的斜率和截距，经过换算可得到非牛顿指数 n 和稠度系数 k，如表 2-1 所示，可以看出，随着温度的降低，原油样品的稠度系数不断增大，非牛顿指数则不断减小。也就是说，温度越低，该油样的黏度越大，假塑性越强。在 45℃以上温度条件下，原油表现为牛顿流体，n 的理论值应该为 1，但是实验结果并不为 1，这主要是由实验误差及原油组分的复杂性造成的。

表 2-1　幂律方程拟合结果

温度/℃	非牛顿指数/无量纲	稠度系数/$mPa \cdot s^{n-1}$	相关度
85	0.9918	5.4426	0.9682
70	0.9842	7.1428	0.9608
60	0.9813	8.4267	0.9183

续表

温度/℃	非牛顿指数/无量纲	稠度系数/mPa·s^{n-1}	相关度
45	0.9236	15.4180	0.9741
40	0.7127	139.0700	0.9348
38	0.6627	260.4600	0.9396
32	0.4645	6227.0000	0.9049
30	0.4319	11076.0000	0.9323

分析黏度对温度的依赖性，需要计算黏流活化能。黏流活化能表示一个分子克服其周围分子对它的作用力而改变位置时需要的能量，是黏度对温度敏感程度的一种度量。黏流活化能越大，黏度对温度的变化越敏感，表征流体流动需要克服一个越大的能量势垒，亦即流体的流动越困难。

一般情况下，温度越高，流体的黏度越小。含蜡原油的黏温变化规律符合 Arrhenius 方程，即：

$$\eta = Ae^{E_a/(RT)} \tag{2-10}$$

式中　E_a——黏流活化能，J/mol；
　　　A——指前因子，mPa·s；
　　　R——气体常数，8.314 J/（mol·K）；
　　　T——绝对温度，K。

对于含蜡原油，存在析蜡前和析蜡后两个状态。析蜡前，含蜡原油为牛顿流体，黏流活化能 E_a 和指前因子 A 均为常数；当有蜡晶析出时，由于分散相蜡晶的出现，使得原油的黏温关系发生变化，黏流活化能随之增大。在非牛顿流体区，E_a 和 A 不再是常数，而是与剪切速率相关的函数。

将式（2-10）两边取对数，可得：

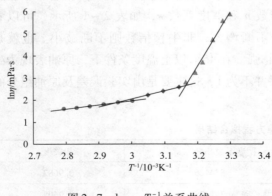

图2-7　$\ln\eta - T^{-1}$关系曲线

$$\ln\eta = \ln A + \frac{E_a}{R} \cdot \frac{1}{T} \tag{2-11}$$

以剪切速率为 384.34s^{-1} 时的黏温数据为例进行分析，绘制 $\ln\eta$ 与 T^{-1} 的关系曲线，如图2-7所示，可以看出，$\ln\eta - T^{-1}$ 关系曲线并不是一条直线，而是随着温度的降低，存在两个明显的拐点，如果用一条直线去拟合，将会导致较大误差，因此采用最小二乘法进行分段线性拟合，得到3条直线，拟合结果见表2-2。

表 2-2　不同温度区间 $\ln\eta - T^{-1}$ 关系式（$\gamma = 384.34 \mathrm{s}^{-1}$）

温度区间/℃	回归方程	黏流活化能/（J/mol）	相关度
66.2 ~ 85.0	$\ln\eta = -3.5508 + 1.8358/T$	15.26	0.9915
42.9 ~ 66.2	$\ln\eta = -8.9173 + 3.6561/T$	30.40	0.9971
30.0 ~ 42.9	$\ln\eta = -74.742 + 24.452/T$	203.29	0.9856

由表 2-2 可以看出，得到的 3 条直线的拟合程度都很高。随着温度的降低，黏流活化能先是逐渐增大，当温度降低到 30 ~ 42.9℃ 范围内时，黏流活化能急剧增大。分析认为，这是低温下蜡晶大量析出的结果。计算该区间温度条件下，不同剪切速率下的含蜡原油的黏流活化能，结果见表 2-3，可以看出，剪切速率越大，含蜡原油的黏流活化能越小，但减小的幅度较小。这是因为随着剪切速率的增加，蜡晶等大分子的流动能力提高，黏度有小幅度降低，减弱了黏度对温度的依赖程度，表现为在相同的温度区间内，剪切速率不同导致黏流活化能也有微弱差别。

表 2-3　不同剪切速率 $\ln\eta - T^{-1}$ 关系式（温度区间：30 ~ 42.9℃）

剪切速率/s^{-1}	回归方程	黏流活化能/（J/mol）	相关度
384	$\ln\eta = -74.742 + 24.452/T$	203.29	0.9856
576	$\ln\eta = -72.193 + 23.604/T$	196.24	0.9818
768	$\ln\eta = -69.32 + 22.676/T$	188.53	0.9884
960	$\ln\eta = -67.924 + 22.229/T$	184.81	0.9869
1153	$\ln\eta = -65.388 + 21.425/T$	178.13	0.9828

结构黏度指数在其他行业中应用很广，一般用来表示熔体的结构化程度，所谓结构化指的是熔体内大分子的交联和结晶程度。对于高含蜡原油而言，可以借用结构黏度指数定量表征其在低温条件下析出蜡晶后，蜡晶形成晶体网络的结构化程度。结构黏度指数 $\Delta\eta$ 的表达式为：

$$\Delta\eta = -\frac{\mathrm{dlg}\eta}{\mathrm{d}\gamma^{1/2}} \times 10^2 \qquad (2-12)$$

可以看出，计算不同温度下 η 和 $\gamma^{1/2}$ 关系曲线的斜率，就可以得到 $\Delta\eta - T$ 关系曲线，如图 2-8 所示，可以看出，温度从 85℃ 降低至 30℃ 时，$\Delta\eta$ 从 0.001 增加到了 0.07。这说明在温度较高时，原油的流动性很强，几乎没有稳定的结构化；随着温度的降低，原油的结构化程度越来越高，并在 45℃ 时发生突变。分析认为，这是由于在 45℃ 时，蜡质开始大量析出，形成了大量的

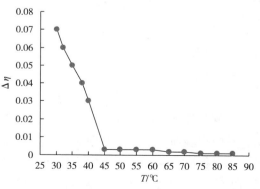

图 2-8　结构黏度指数与温度关系曲线

稳定蜡晶网络，结构化程度增强。这与流变曲线、非牛顿指数及黏流活化能的实验结果基本一致，由此可见，利用结构黏度指数进行含蜡原油析蜡结晶程度的定量描述是可行的。

二、油藏条件下黏度图版

油藏条件下高凝油全黏温曲线如图2-9所示，包括5个剪切速率下的黏温曲线，可以看出，油藏条件下高凝油的黏温曲线存在3个特征：

（1）两个部分。包括直线段部分和放射段部分，由流变学可知，当黏度只是温度的单值函数时，说明流体为牛顿流体，其流变性都符合牛顿内摩擦定律，黏温曲线不随剪切速率的变化而变化，呈现出直线段的特征；当黏度不再是温度的单值函数，并且随着剪切速率的变化而变化时，流体为非牛顿流体，剪切速率不同，黏度不同，呈现出放射段的特征。直线段和放射段的临界温度为反常点，数值为45℃。

（2）两个斜率不同的直线段。油藏条件下高凝油的温度高于析蜡点时为单相液体，蜡全部溶解于原油中，其黏度随温度的变化不明显；当温度介于析蜡点和反常点之间时，原油中的蜡晶析出，成为分散相，液态烃为连续相，黏度随着温度的变化较为明显，但仍为牛顿流体，根据两条直线的交点，如图2-8所示，求其析蜡点为61.07℃。

（3）3个特殊点。定义30℃为失流点，它在数值上和凝固点相近，说明此温度下的原油，表观黏度已经足够大，较小的外力作用似乎已经难以推动它，只有外力达到某一值足以破坏其蜡晶网络结构才能使其流动。在多次实验过程中，当温度达到30℃时，原油已经很难流动，黏度很大，基本失去了流动性，可以认为凝固点和失流点相同，因此油藏条件下高凝油黏温曲线上的3个特殊点分别为析蜡点、反常点和失流点（凝固点）。

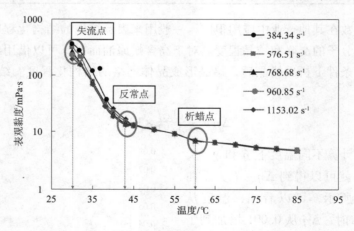

图2-9　油藏条件下的黏温曲线

油藏条件下的高凝油在低温条件下为非牛顿流体，具有剪切变稀的特性，如图2-9所示，室内实验通常只测量有限温度和剪切速率下的黏度，不能满足矿场需要，针对这种情况，本书提出了一个利用有限实验数据，得到宽温度范围和剪切速率范围的高凝油黏温图版的方法，为油藏条件下高凝油黏温曲线的有效应用提供方法。

对于非牛顿流体，通常用幂律形式拟合流变曲线，通过曲线拟合得到 K 和 n 的数值，就可以得到流变曲线的函数表达式，参照牛顿流体黏度的定义式，可得到非牛顿流体在任意剪切速率时的表观黏度为：

$$\mu_a = K\gamma^{n-1} \tag{2-13}$$

式中　μ_a——表观黏度；

　　　K——稠度系数；

　　　n——非牛顿指数。

一般情况下，在不同的温度下，油藏条件下高凝油的非牛顿性强弱不同，通常需要用不同的方程表示。利用式（2-14）和式（2-15），建立 K 和 n 与温度的关系，并且将式（2-14）和式（2-15）代入式（2-13）就可以得到能够表征整个流变曲线的幂律模型，如式（2-16）所示。

$$K = K_\infty 10^{\frac{-a_k}{b_k(1+b_k e^{c_k T})}} \tag{2-14}$$

$$n = \frac{a_n}{b_n + e^{-c_n T}} + d_n \tag{2-15}$$

$$\mu_a = K_\infty 10^{\frac{-a_k}{b_k(1+b_k e^{c_k T})}} \cdot \gamma^{\frac{a_n}{b_n + e^{(-c_n T)}} + d_n - 1} \tag{2-16}$$

式中　　　　　　T——给定的温度；

　　　　　　　K_∞——高温时的极限值，近似取 85℃ 时的黏度 4.83mPa·s；

a_k、b_k、c_k、a_n、b_n、c_n 和 d_n——拟合系数。

对图 2-9 中的黏温数据利用式（2-14）和式（2-15）进行最小二乘法拟合，拟合结果见表 2-4。

表 2-4　油藏条件下高凝油黏度拟合结果

K	n
a_k	-0.01099
b_k	0.00274
c_k	0.1625
a_n	0.00002
b_n	0.00003
c_n	0.27084
d_n	0.38962

利用表 2-4 中的拟合结果和实验数据进行对比，结果如图 2-10 所示，可以看出，拟合的方程和实验数据能够很好地拟合，能够满足矿场需要。

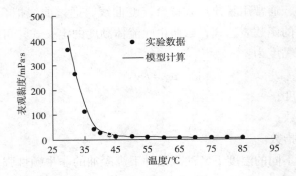

图 2-10　模型计算和实验数据对比

因此，可以根据拟合得出的幂律模型，代入特定温度和剪切速率，就可以得到特定温度和剪切速率下的黏度。对不同温度和剪切速率下的黏度进行计算，结果如图 2-11 所示，通过查图版，就可以得到任意条件下的黏度值。

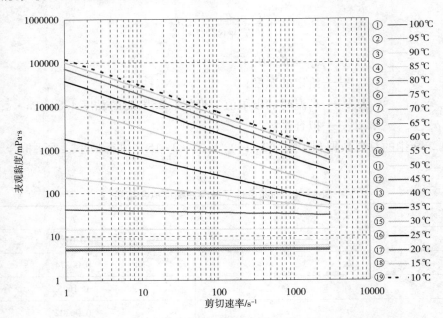

图 2-11　油藏条件下高凝油黏度图版

注：图中曲线自下而上分别对应序号①～⑲。

第三节　高凝油凝胶结构的形成与破坏

一、原油凝胶结构的形成

高凝油是一种复杂的烃类和非烃类混合物，主要由蜡、芳香烃、胶质、沥青质和轻烃组成。就其对原油低温流变性的影响来说，可把原油分成三大组成部分，即常温时为液态的油，常温时为晶态的蜡，以及胶质沥青质。

当温度较高时，原油中的蜡基本能够溶解于液态油中，此时原油表现为溶胶体系。随着温度的降低，石蜡会以片状或带状结晶析出，当蜡晶浓度增大到一定程度时，絮凝的蜡晶相互交联形成三维网络结构，液态油被嵌固在蜡晶结构之间，原油产生结构性凝固，成为凝胶体系而失去流动性，即含蜡原油的胶凝。胶凝状态下的原油称为凝胶原油或胶凝原油。

梁文杰（1995）认为含蜡原油中的蜡在低温下以片状或针状的形式结晶析出是造成其胶凝的根本原因。敬加强等（2003）基于蜡与沥青的红外光谱、含蜡模拟油微观结构以及结晶学理论，对含蜡原油结构形成机理进行了探讨，认为含蜡原油结构形成包括晶核的形成、蜡晶的生长和蜡晶颗粒的连接。R. Venkatesan 等（2005）认为当温度降至以蜡分子为分散相的胶体溶液的"云点"以下时，大分子量的蜡分子便首先结晶析出，随着温度的降低，蜡分子析出越来越多，逐渐形成胶凝结构。

含蜡原油的这种胶凝并不是真正意义上的液体凝固，其具有一定的结构强度，当外加应力超过其结构强度时，蜡晶的空间网络结构被破坏，原油又会变成溶胶体系而具有流动性。

按含蜡原油形成胶凝结构的原因将胶凝分为两类：一类是在温度降低过程中由于蜡在原油中的溶解度快速下降，蜡晶不断析出长大，蜡晶之间的相互吸引作用进一步增强，最终形成蜡晶空间网络结构，称之为冷却胶凝；另一类是在剪切变稀的非牛顿含蜡原油等温静置过程中，由于原油的触变性或称为结构恢复特性造成的胶凝，可称为等温触变性胶凝。实际上从广义上讲，所有与时间有关的胶凝都可称之为等温触变性胶凝，或者叫做等温胶凝，这时胶凝结构的形成是时间积累的结果。

二、原油胶凝的判定标准

（1）冷却胶凝。对原油的冷却胶凝，国内外常用温度指标（凝点或倾点）作为判别的标准，即在一定的加热与降温条件下，当原油温度高于凝点时，为溶胶体系，而低于凝点时，为凝胶体系。但含蜡原油的胶凝有很强的历史依赖性，其胶凝温度可能因加热温度、冷却速率、剪切历史的不同而有很大的不同。因此，在关于原油凝点测定的有关标准中，都对测量试管的尺寸、试样体积、观测方法进行了明确的规定。可见，凝点这一工程常用参数的流变学实质其实是原油在一定的加热、冷却等历史条件和流变力学观测条件下，胶凝结构强度达到一个特定水平所对应的温度。

（2）等温触变性胶凝。由于等温触变性胶凝是一种与时间有关的性质，可用胶凝时间表示非牛顿含蜡原油在一定条件下由溶胶状态达到凝胶状态时所需的时间。在热含蜡原油输送管道停输过程中，非牛顿原油的胶凝过程既与缓慢的温降有关，又与影响原油结构恢复性的停输时间的长短有关，用凝点或胶凝时间都不能反映出这种工况下原油胶凝的性质。实际上，不论是冷却胶凝，还是等温触变性胶凝，其本质都是原油由溶胶状态转变为凝胶状态，这种状态转变的判据应该是一种统一的流变学标准，凝点或胶凝时间只是这种临界转变状态不同的反映形式。

三、原油凝胶结构特性的影响因素

含蜡原油是一种组成复杂的胶体体系，低温下由溶胶转变为凝胶体系，表现出很强的非牛顿流体性质。从根本上说，原油中已结晶蜡的量、蜡晶形态和结构是决定原油流变性的主要因素，热力和剪切条件正是通过影响原油中蜡晶的形态和结构对宏观流变性产生影响的。

迄今为止，用于观察油品（原油、柴油、汽油、模型油等）中蜡晶特征的技术有显微观察、X射线衍射、小角X射线散射、小角中子散射、红外光谱等方法。其中，显微观察是最主要的分析方法。蜡晶颗粒的形态、大小以及空间生长方向受降温速率的影响，同时还受蜡晶组成的影响。

已有学者研究发现，蜡晶在静态和流动条件下的形态有明显的差别。在静态条件下，大部分蜡晶呈层状结晶，也有少部分起晶核作用的片状蜡晶；在流动条件下，只能形成片状的蜡晶，在析蜡量很少的情况下，片状的蜡晶基本上是孤立的，当析蜡量较多时，这些片状的蜡晶会相互联结，并形成聚集体。胶凝原油结构特性对历史作用依赖很强。在降温过程中大于线性黏弹性范围，但小于屈服条件下的应力，会在很大程度上影响胶凝过程中蜡晶的聚集，从而导致结构变弱，影响大小取决于剪切的强度与剪切时间；不同的降温速率也会对其产生影响。

含蜡原油在低温下蜡晶析出形成网络结构，导致其表现出复杂的非牛顿流体特性。非牛顿原油的屈服特性、触变性和黏弹性等流变参数与原油内部蜡晶结构的强度有很大关系，原油的热历史、剪切历史效应也是通过影响内部蜡晶网络结构进而影响原油低温流变性的。因此，归根结底，原油中蜡晶析出的形态、结构、数量以及蜡晶与胶质沥青质的相互作用和聚集状态等众多因素成为影响含蜡原油低温流变性的关键所在。

四、原油凝胶结构的破坏特征

低温时大量蜡晶析出，在高剪切速率下，蜡晶被剪切成大量细小的蜡晶颗粒，较为均匀地分布在原油中，形成了致密而稳定的网络结构，蜡晶网络结构一旦形成，被包裹其中的原油就失去了流动性，如图2-12中第Ⅰ阶段；当剪切速率小幅增大时，稳定的蜡晶网络只发生微弱形变，如图2-12中第Ⅱ阶段；只有在一定的剪切应力下，蜡晶网络结构才会被破坏，流动性明显增大，如图2-12中第Ⅲ阶段；随着剪切速率继续增大，被破坏的蜡晶网络进一步破碎，但相较于第Ⅱ阶段到第Ⅲ阶段而言，蜡晶网络进一步发生破碎的程度减小，故流动性只发生小幅下降，如图2-12中第Ⅳ阶段。在高剪切速率下，随着剪切速率的增大，黏度并非单调递减，而是存在局部波动，这是因为：在很高的剪切速率下，破碎的蜡晶会再次聚集，发生一定程度的恢复，导致原油黏度增大。网络结构破坏示意图如图2-13所示。

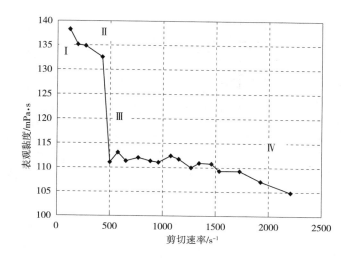

图 2-12　黏度和剪切速率关系曲线（45℃）

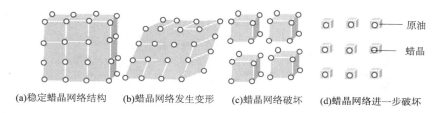

(a)稳定蜡晶网络结构　(b)蜡晶网络发生变形　(c)蜡晶网络破坏　(d)蜡晶网络进一步破坏

图 2-13　原油蜡晶网络结构破坏示意图

　　含蜡原油在低于析蜡点时，蜡晶析出，以固体颗粒的形式悬浮在原油中，当温度继续降低时，析出的蜡晶越来越多，就形成三维晶体网络结构，能够大幅度降低原油的流动性。从图 2-14 可以看出，压力为 0.34MPa 时，45℃时蜡晶大量析出，当剪切应力为 96Pa 时，才能将晶体网络结构破坏；50℃时蜡晶少部分析出，当剪切应力为 48Pa 时，就能将晶体网络破坏；60℃时没有形成明显的蜡晶网络结构。从图 2-15 可以看出，压力为 6.89MPa 时，45℃时蜡晶大量析出，当剪切应力为 129Pa 时，才能将蜡晶网络破坏；50℃时蜡晶少部分析出，当剪切应力为 61Pa 时，才能将晶体网络破坏；60℃时没有形成明显的蜡晶网络结构。从图 2-16 可以看出，压力为 24.14MPa 时，45℃时蜡晶大量析出，当剪切应力为 319Pa 时，才能将蜡晶网络破坏；50℃时蜡晶少部分析出，当剪切应力为 84Pa 时，才能将晶体网络破坏；60℃时少量析蜡能够形成强度不大，结构不太稳定的晶体网络结构，当剪切应力为 20Pa 时，晶体网络就被破坏。在图 2-15 和图 2-16 中，60℃时没有形成明显的网络结构。总结可知，压力越大，温度越低，蜡晶形成的晶体网络结构越稳定，需要更大的剪切应力才能将其破坏；压力越高，在相对较高的温度下，较为容易地形成晶体网络结构。

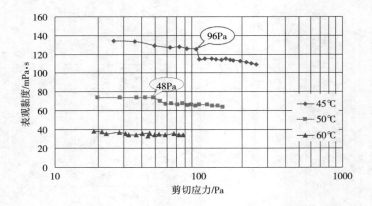

图 2-14 不同温度下剪切应力和黏度关系曲线（0.34MPa）

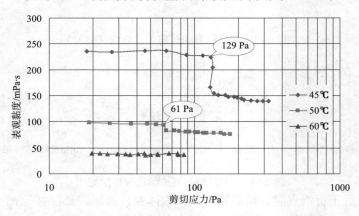

图 2-15 不同温度下剪切应力和黏度关系曲线（6.89MPa）

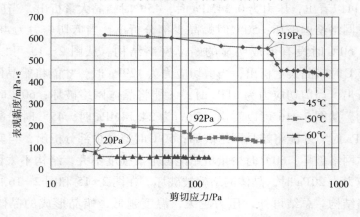

图 2-16 不同温度下剪切应力和黏度关系曲线（24.14MPa）

第四节　常压下析蜡点测量方法

作为判断原油在管输环境下流动性的重要参数，原油析蜡点的测试已在石油储运领域中得到了广泛应用，如判断高凝油在管道运输中是否析蜡，是否会影响到管输安全。

测量原油析蜡点的方法有很多，常规的方法包括旋转黏度计法、显微镜法和差示扫描量热法等。旋转黏度计法是测量脱气原油析蜡点的比较简便的方法，但有一定的滞后性。这主要是由于旋转黏度计本身有一套复杂的机械传动机构，只有当原油中析出一定数量的蜡晶后才能影响到所测的黏度值。因此，这种方法测定的析蜡点数据偏低。显微镜观察法是最直观的一种测量高凝油析蜡点的方法。蜡是具有结晶构造的物质。在较高温度下，蜡以溶解状态分散在原油中，此时在偏光显微镜的视野内没有蜡的晶体。当温度逐渐降低到低于饱和温度时，开始有蜡的晶体析出，这时在偏光显微镜的视野内出现了细小明亮的晶体即蜡晶。与此时对应的温度即为原油的析蜡点。差示扫描量热法（Differential Scanning Calorimetry，DSC）是目前热分析技术中定量化和重复性最好的一种技术，它具有测量速度快，所需样品量少，样品状态多样化（液态或固态），实验方法和数据分析简单易行等优点。

一、旋转黏度计法

旋转黏度计法是在规定的剪切速率下，测定并记录原油试样在连续降温过程中的剪切应力或黏度温度曲线（图2-17）。

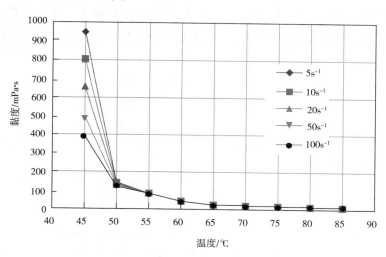

图2-17　地面原油黏度和温度的关系曲线

如图2-17所示，黏温曲线在65℃时发生转折，即认为此温度为该样品的析蜡温度，该方法操作相对简单，但是存在两点不足：①该方法不适用于初始析蜡速度较慢或含蜡量少的原油,因为含蜡量太少会对剪切应力影响缓慢,难以准确确定析蜡点。因此,选择蜡质量分数在5%以上的原油测试为宜。②蒋齐光(2011)对SY/T 0522—2008标准中规定的连续降温方式提出了质疑,由于没有温度"间歇",保温套的温度短时间无法传递到样品,将造成测试黏度偏小,并提出采用分段降温方式降低误差的改进方法。

二、黏流活化能法

黏流活化能表示一个分子克服其周围分子对它的作用力而改变位置的能量,是黏度对温度敏感程度的一种度量。对于含蜡原油来说,在析蜡温度以上,原油的黏度和温度变化规律满足 Arrhenius 方程。

$$\eta = Ae^{E_a/(RT)} \tag{2-17}$$

式中　E_a——黏流活化能,J/mol;

　　　A——指前因子,mPa·s;

　　　R——气体常数,8.314 J/(mol·K);

　　　T——绝对温度,K。

当蜡析出时,蜡晶体以分散相出现,使得流体黏温关系曲线发生变化,黏流活化能也将随之增大,进而呈现非牛顿流体特征,E_a 和 A 也不再是常数,成为与剪切速率有关的函数。

将式(2-17)两边取对数,可得:

$$\ln\eta = \ln A + \frac{E_a}{R} \cdot \frac{1}{T} \tag{2-18}$$

对黏温数据按照式(2-18)进行计算后作图,两线交点便是析蜡点(图2-18),计算得到析蜡点约63.44℃。该方法可认为是旋转黏度计法的演化,进一步扩大了其适用范围。在测得含气原油黏温曲线的前提下,该方法同样适用于含气原油析蜡点的计算。

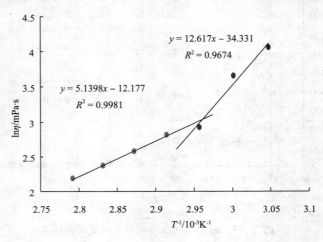

图 2-18　$\ln\eta$ 与 T^{-1} 关系曲线

三、差示扫描量热法（DSC）

差示扫描量热法是目前最为流行的测定原油析蜡点的方法，具有操作简便、适用范围广的特点。其原理是将析蜡点温度的原油样品，在一定速率下降温，并记录不同温度点下的试样和空气间的差示热流，从而形成差示扫描量热曲线（图 2-19）。该曲线随着原油中蜡的析出而偏离基线，形成峰值又逐渐回归到基线，图 2-19 中开始偏离基线的转折点对应的温度为 63.88℃，即原油的析蜡点。

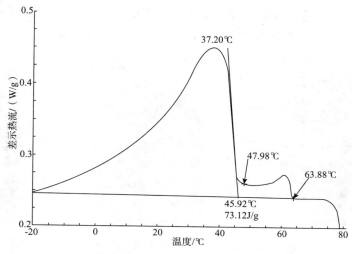

图 2-19　原油差示扫描量热输出曲线

四、滤网压差法

该方法由英国油田化学技术公司提出，原理是将试样保持在析蜡温度以上后，恒速通过一个 0.5 μm 大小筛孔的钢制滤网，同时将该滤网固定于 50℃ 左右的恒温水浴中，开始逐渐降温并记录不同温度下通过滤网的压差，其压差突变点即为原油析蜡点（图 2-20）。

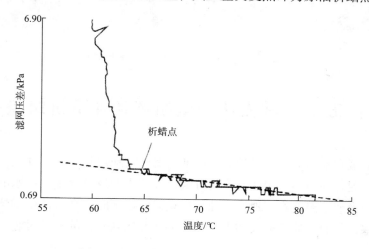

图 2-20　原油滤网压差变化与温度关系

五、U 型管法

该方法提供了一种可视的析蜡温度及蜡沉积量的确定方法，原理是将加热后的原油暴露于某一个温度较低的 U 型管表面一定时间，同时记录低温表面的温度和蜡晶体的质量，当肉眼可见明显的蜡析出时的温度即为原油的析蜡温度（图2-21），图2-21（a）为原始状态（温度66.0℃，质量0g）；图2-21（b）为开始析蜡（温度65.0℃，质量0g）；图2-21（c）为蜡开始沉积易清除（温度64.5℃，质量0.05g）；图2-21（d）为蜡沉积难清除（温度64.0℃，质量0.10g）；图2-21（e）为蜡逐渐变干难清除（温度63.0℃，质量0.18g）；图2-21（f）为蜡沉积变厚（温度62.0℃，质量0.45g）。

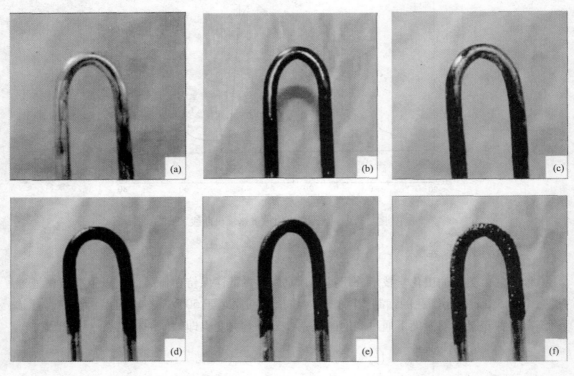

图2-21　原油 U 型管法测定原油析蜡点

第五节　激光法测量油藏条件下析蜡点

高凝油从油藏到地面的生产过程中，原油主要经过地层到井底和井底到井口两种流动过程。现阶段，国内油田多采用注水开发方式，在注水开发过程中，冷水的注入使得油藏温度逐渐降低，当油藏温度降至地层原油析蜡点温度以下时，高凝油中的蜡晶颗粒析出导致岩层孔道堵塞，从而对油藏造成伤害。在原油从井底到井口的流动过程中，随着井筒深度减小，压力从高到低逐渐变化，压力变化也会对原油析蜡点产生影响，因此需要准确评价高压含气条件下的高凝油析蜡点。

一、实验原理、装置及步骤

1. 实验原理

高凝油在油藏条件下处于高温、高压环境中，原油的蜡晶处于溶解状态，原油为单一液相，当用激光透过原油时，激光功率为一恒定值。当由于温度下降或溶解气体脱出时，蜡晶颗粒在原油中的溶解度下降，此时，蜡晶颗粒析出，使得原油呈现雾状，蜡晶颗粒对激光光束产生散射，透过原油的激光功率会迅速下降。随着析出蜡晶颗粒的增多，激光功率也随之下降，通过温度与激光功率曲线的拐点可以准确判断原油的析蜡点。熔蜡点的测量是通过升高恒温箱的温度，待激光功率升高至原油未析蜡时的激光功率时，记录此时激光功率对应的温度即为熔蜡点。

2. 实验装置

通过改造美国生产的高温、高压 PVT－2730，以及运用大恒光电研究所研制的 DH－HN350P 线偏振氦氖内腔激光器、DH－JG2 系列激光功率计，配套组成激光测试仪。该装置主要由高压 PVT 筒、圆形薄片耐压容器、温度控制系统、压力控制系统、激光发射器、激光准直镜、光纤、激光功率计、数据采集实时监测系统组成（图 2-22）；测试仪耐高温（150℃）、耐高压（75MPa）、程序自动控制温度升降和压力升降，数据采集系统实时记录数据并自动拟合图形。

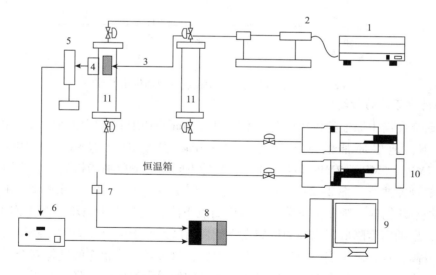

图 2-22　原油析蜡点测试仪组合装置

1—激光电源；2—氦氖激光发生器；3—光纤；4—防护罩；5—激光靶；6—激光功率指示计；
7—温度传感器；8—数据采集卡；9—计算机；10—RUSKA 泵；11—PVT 釜

3. 实验步骤

实验步骤包括：①彻底清洗 PVT 仪器；②试压，检验 PVT 仪器的密封性；③将油样加入 PVT 仪器中，静置 4h；④打开激光测试系统，待系统稳定后，在恒定压力下降温，测定激光功率；⑤观察数据采集系统的曲线形状，图形拐点处的温度即为原油析蜡点。

二、实验结果与讨论

1. 含气油与脱气油析蜡点对比

为了研究溶解气体对原油析蜡点的影响，用原油析蜡点激光测试仪分别测试脱气油和含气油样品的析蜡点。图 2-23 为含气原油、脱气原油温度与激光功率的关系曲线，测得含气原油的析蜡点为 53.0℃（曲线拐点对应的温度），脱气原油的析蜡点为 57.4℃，含气原油比地面脱气原油的析蜡点低 4.4℃。

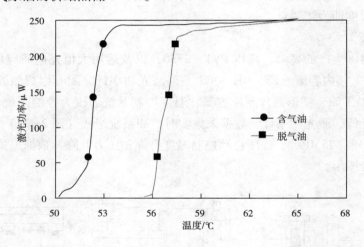

图 2-23　地层含气原油与地面脱气原油析蜡点对比

2. 井筒中原油的析蜡规律

为了研究井筒中原油的析蜡情况，按气油比 $45m^3/m^3$ 配制地层原油样品，测得温度为 62℃条件下，地层原油的泡点压力为 9.8MPa。分别测定 15MPa、13MPa、11MPa、9.8MPa、7MPa、5MPa、2MPa 和 0.1MPa 共 8 种不同压力下原油的析蜡点，绘制出井筒中原油的析蜡规律曲线（图 2-24），图中拐点为泡点压力（9.8MPa）。由图 2-24 可知：当压力高于泡点压力时，随压力下降，原油析蜡点下降，这是由于当压力高于泡点压力时，压力降低，原油密度降低，原油的析蜡点降低。当压力低于泡点压力时，随压力降低，原油析蜡点升高，这是由于当压力低于泡点压力后，每次降压，相应的气体就会脱出，使得低于泡点压力的原油析蜡点上升。这说明溶解气体的脱出要比压力降低对析蜡点温度的影响程度大。

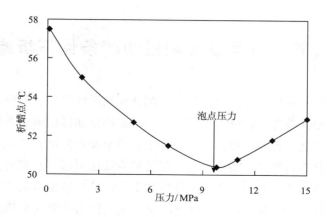

图 2-24 井筒中原油析蜡规律曲线

3. 地层中原油熔蜡规律

油田通常采用常规注水开发，注入冷水导致油藏温度降低，当油藏温度降到原油析蜡点温度以下时，原油中的蜡晶析出，较大的蜡晶颗粒可以堵塞油层渗流孔道，从而导致严重的地层伤害。当油层注入冷水导致蜡晶颗粒析出后，蜡晶颗粒能否在地层温度下熔化就成为油田注水开发所关心的主要问题。在此，利用激光法对原油的析蜡规律和熔蜡规律进行了研究。如图 2-25 所示，当油藏压力为 15MPa 时，析蜡温度为 53.0℃，熔蜡温度为 64.2℃，熔蜡温度高于析蜡温度 21.13%。如果该油藏在采用注冷水开发时导致蜡晶颗粒析出，由于油层温度 62℃低于熔蜡温度，不能使蜡晶颗粒全部熔化，从而可能使蜡晶颗粒堵塞油层孔道，增加注水开发的难度。为此，当该油藏采用注冷水开发时，需要监测井底注水温度，当注水井井底温度低于 53℃时，则应提高井口注水温度，使得注水井井底温度高于原油析蜡点温度，以避免由于蜡晶颗粒析出堵塞油层孔道而引起注水压力异常等问题。

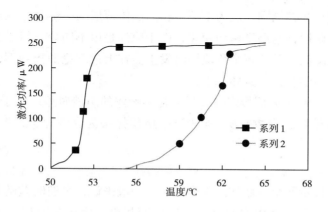

图 2-25 地层中原油析蜡与熔蜡规律

第六节　超声波法测量油藏条件下析蜡点

与激光法类似，超声波法通过分析穿过待测油样的声波信号，根据声波信号的不同响应判断油样的析蜡点。首先，在降温过程中，蜡沉积导致油样密度和弹性模量的变化，进而引起声波速度的变化。此外，蜡晶的成核和生长将引起声波能量的耗散，因此，也可以通过声波衰减的变化进行判断。截至目前，尽管超声波法引起了研究者的广泛关注，但由于声波衰减的复杂性，大部分研究仍局限在波速上，声波衰减蕴含的大量信息被忽略，或仅做一些简单的定性分析。Meray 等（1993）设计了一种用于原油析蜡点测试的超声波装置，研究了压力和轻质组分对原油析蜡点的影响，所测结果与 DSC 法结果非常接近。研究发现，轻质组分能够明显降低原油析蜡点，降低程度与碳原子数及组分的化学性质密切相关。Lionetto 等（2006）结合流变仪和超声波法研究了原油胶凝过程的黏弹性。证明了超声波法是检测原油溶胶–凝胶过程的有效手段。总体来说，尽管原油析蜡点的测试方法有很多，压力及轻质组分的影响也得到了国内外专家的普遍认可，但有关原油析蜡点和析蜡量的测试仍然需要多种方法的综合分析，以便获得更为可靠的结果。

一、实验原理、装置及步骤

1. 实验原理

从理论上来说，原油析蜡的过程实际上是降温过程中一个有序固相从无序液相中不断析出的过程。主要包括成核及生长两个阶段。具体来说，随着温度的降低，原油分子运动逐渐变慢甚至停滞，随机缠绕的分子逐渐靠近，并聚集形成连续分子链，蜡分子在有序位置不断附着–分离，直至晶体簇达到一定的尺寸并保持稳定后才会停止，这个过程称为成核过程，分子簇定义为晶核。一旦晶核稳定，保持析蜡点温度或进一步降低，越来越多的分子将不断地附着在晶核周围，成为不断生长的晶体薄层的一部分，该过程定义为蜡晶的生长过程。这两个阶段都与温度密切相关，由于原油是由不同分子组成的混合物，上述两个过程几乎在原油降温过程的每个阶段同时发生。在上述理论的指导下，分析不同压力及温度条件下油样的声学数据，具体如下：

（1）声波时差。超声波信号穿过 L 尺寸待测物体的声波时差取决于待测样品的密度 ρ 和压缩系数（弹性模量的倒数）β。本研究中所用探头为纵波探头，根据拉普拉斯定律，声波时差应为：

$$l = L \sqrt{\rho\beta} \qquad (2-19)$$

式中，密度和弹性模量两个参数均随温度变化，一般来说，声波时差随着样品温度的降低而降低。假设蜡沉积后，固相均匀分散在固液两相中，由于分散相与声波波长相比非常小，理论上公式（2-19）依然适用。定义 φ 为油样中的固相体积，则油样的密度和绝热压缩模量分别为：

$$\rho = \phi \rho_S + （1-\phi） \rho_L \qquad (2-20)$$

$$\beta = \phi \beta_S + （1-\phi） \beta_L \qquad (2-21)$$

式中，下标 S 和 L 分别表示固相和液相。在蜡沉积过程中，密度的变化比较小，但由于液固相变导致的压缩模量的变化却非常明显，因此，可做如下近似：

$$\rho \approx \rho_L \qquad (2-22)$$

$$\beta \approx （1-\phi） \beta_L \qquad (2-23)$$

$$\phi \approx 1 - \left(\frac{t}{t_L}\right)^2 \qquad (2-24)$$

由式（2-24）可知，在降温过程中，声波时差随蜡沉积的进行不断发生变化，因此可以通过声波时差的突变点判断原油的析蜡点，同时，根据公式（2-24）还可以估算不同温度下的蜡沉积量。

（2）幅度。超声波探测实际上可以被认为是一个损耗系数的动态变化过程。一般可分为三个主要阶段：①蜡沉积之前，也就是温度高于析蜡点阶段，由于分子运动变缓，分子距离变小，吸收衰减变小，首波幅度缓慢增加。②蜡沉积开始后，蜡晶开始成核，分子运动进一步变缓以致停滞，越来越多的分子附着聚集形成晶核，原油流动性急剧下降，声波散射明显减小，波幅明显上升。③随着生长过程逐渐占统治地位，伴随越来越多的分子不断沉积，出现很多蜡晶，导致吸收衰减和散射衰减急剧下降，因此，幅度也将随之下降。很明显，理论分析表明，根据原油降温过程中首波幅度明显的上升和下降，波幅也可以作为析蜡点判断的重要指标之一。

（3）频率。研究表明：不论是液相中固相沉积对声波的散射作用，还是液固两相对声波的吸收作用造成的衰减，它们对不同频率声波具有不同的影响，即传播介质对声波具有选频吸收及散射作用。其规律为低频声波能量变化小，高频声波受影响强烈。许多岩石物理学方面的学者注意到了岩石中声波信号具有波形畸变现象，并且把这种现象命名为主频漂移。实际上，声波探头激发的声波频率并不只局限在主频范围内，除主频外，还含有其他频率的信号。理论上，接收信号可视为一系列简谐波的叠加，每个简谐波的衰减直接影响了波包的形态，因此，对于本研究来说，不同温度下的油样，由于蜡晶析出的影响，声波中各频率成分的衰减也存在差异。苏道宁等认为，频率与衰减系数正相关。针对这一特点，笔者提出通过实时监测接收信号中主频的变化来判断油样的析蜡动态。

2. 实验装置

高凝油高压超声波探测系统是在常规油气界面张力仪和流体声波检测系统的基础上自主设计的，该装置实现了不同实验条件下与油样析蜡特征密切相关的声学参数的实时动态监测。如图 2-26 所示，该系统主要由高压控温系统、超声波发射接收系统及声波数据处理系统等组成。高压控温系统包括测试容器、中间容器、ISCO 泵、自动测温控温装置及回压控制装置等。其中，主要部件测试容器有 8 个阀，本次实验使用了其中的 5 个。腔体上部和左侧的两个阀接 ISCO 泵，下部和右侧的两个阀接回压泵，且均接有压力传感器。另一个阀接测温控温装置。腔体端面有两个孔道，用于放置加热棒。为防止温度梯度的影响，腔体表面覆盖保温膜。由于腔体阀门多、压力高，实验前及实验过程中要确保无流体泄漏。超声波发射接收系统包括高精度声波探头及发射接收装置，其中探头的中心频率为 1MHz，以避免传统探头承压效果差，外部接触散射严重，能量损失大，精度低等问题。本系统所用发射及接收探头均实现了与腔体端面的一体化，并对端面进行了抛光处理；数据处理系统主要用于声波时差、首波幅度和频率的判读。为保证实验精度，在实验中，每个温度点测试 10 次，取平均值。

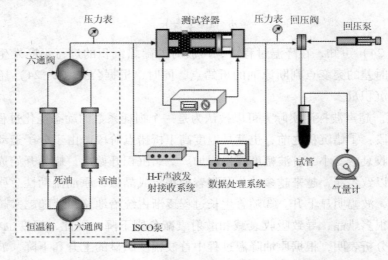

图 2-26 　原油析蜡过程超声波探测系统示意图

3. 实验步骤

实验开始前，在恒温箱内将脱气油和含气油加热至 85℃并保持 24h，以确保蜡全部溶解。以 2mL/min 的速度先从腔体底部连续注入脱气油将空气排出，然后分别升压至预设压力（0.1MPa、4.5MPa、8.8MPa、10.56MPa、15.84MPa 和 22.87MPa），以 2℃/h 的速度降温并测试至 35℃，可获得的声学数据包括声波时差、首波幅度和频率等。

脱气油测试结束后，保持压力（22.87MPa），升温至 85℃保持 24h，然后以 1mL/min 的速度注入活油，监测出口端气油比，至原始溶解气油比 38.76m³/m³ 停止，进行等压降温声学参数测试。然后分别降压至（15.84MPa、10.56MPa、8.8MPa、4.5MPa），重复上述步骤，获得不同压力下的声学数据。

二、实验结果与讨论

1. 超声波法析蜡点、析蜡量和析蜡过程分析

选择 1MHz 的超声波探头进行 KF 脱气油和含气油的析蜡点、析蜡量和析蜡过程的测试。如图 2-27 所示，随着温度的降低，首波声波时差变小。分析认为：在降温过程中，原油胶凝导致弹性模量的增加，超声波通过凝胶流体的时间比通过纯流体的时间要短。因此，声波时差的变化是非线性的，随着时间的变化样品逐渐"固化"。在降温的初始阶段，声波时差缓慢降低，在流变仪法和 DSC 法确定的析蜡点附近，声波时差降低速率加快，表

明蜡开始结晶和蜡晶群聚开始显著影响油样的弹性模量。根据最小二乘法，拟合偏离点前后两段的声波时差曲线，交点即为超声波法确定的原油的析蜡点。KF 脱气油在 0.1MPa 下，降温速率 2℃/h 下的析蜡点为 64.14℃。所测结果介于流变仪法和 DSC 法之间。另外，根据公式（2-24），可以估算降温过程中累计的析蜡体积。55℃、35℃下析蜡体积为 2.18% 和 9.29%，考虑到蜡密度为 900kg/m³ 左右，超声波法与 DSC 法得到的累计析蜡体积非常接近。

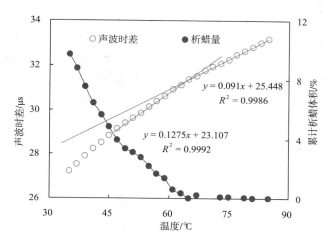

图 2-27　降温过程中超声波声波时差及累计析蜡体积

如图 2-28 所示，幅度曲线类似于鸣钟形状，可大致分为三个部分。在析蜡点温度之上，由于散射衰减的减小，幅度缓慢增加，析蜡点温度之上，包括两个阶段：成核占主导地位阶段，由于流体内蜡晶的形成，分子运动受到限制，散射衰减显著降低，幅度明显增加。之后，蜡晶的生长开始随着越来越多的分子不断地附着在晶核上，形成不断增长的片层结构，散射衰减和吸收衰减开始增加，导致幅度的突然降低。另外，本研究所得频率曲线与幅度的变化趋势成正相关。因此，析蜡过程中幅度和频率随温度变化的三个明显不同的阶段，也可以作为判断析蜡点的重要参数。

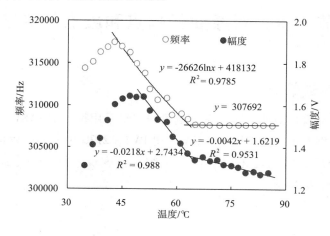

图 2-28　降温过程中超声波频率和幅度

2. 溶解气和压力对析蜡点的影响

图 2 - 29 是 KF 脱气油和含气油在不同压力下（0.1MPa、4.5MPa、8.8MPa、10.56MPa、15.84MPa 和 22.87MPa）的析蜡点结果。根据脱气油在不同压力下的拟合曲线可知，析蜡点以 0.202℃/MPa 的速率随着压力不断增加。原因是随着压力的增加，轻质组分比重质组分压缩更严重，导致石蜡的溶解度下降。对含气油来说，由于溶解气的存在，一定范围内，析蜡点随压力的增加而降低。到饱和压力之后，由于压力的增加不能增加更多的溶剂，析蜡点开始随压力的增加而增加。在饱和压力下，KF 脱气油比常压下减少了 9.57℃。从热力学的角度分析，对于该原油体系来说，压力的增加总是趋向于使平衡向密度更大的相转化。以 10.56MPa 作为管道操作压力为例，脱气油的析蜡点为 65.86℃，而考虑到溶解气的影响，含气油在该压力下的析蜡点为 56.31MPa。因此，如果生产系统根据脱气油析蜡点的数据进行设计，实际上过分估计了管道内的流体性质，最终可能导致管线的过度设计。

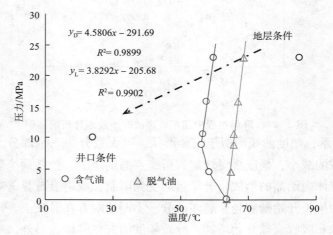

图 2-29 KF 脱气油和含气油析蜡点随压力的变化

第七节 压力对原油析蜡点和凝点的影响规律

一、黏温数据测试

油样为某油田高含蜡原油，常压下黏温数据测量采用德国 HAAKE 公司的 RS600 流变仪，高压下黏温数据测量采用美国 RUSKA 公司 PVT - 2730 中的高压毛细管黏度仪。流变仪测量的常压流变性数据见表 2 - 5，高压毛细管黏度仪测量的三个高压下流变数据见表 2 - 6、表 2 - 7 和表 2 - 8。

表2-5　油样流变测定结果（0.1MPa）

温度/℃	黏度/mPa·s				
	5s⁻¹	10s⁻¹	20s⁻¹	50s⁻¹	100s⁻¹
85	8.86	8.86	8.86	8.86	8.86
80	10.72	10.72	10.72	10.72	10.72
75	13.08	13.08	13.08	13.08	13.08
70	16.64	16.64	16.64	16.64	16.64
65	18.53	18.53	18.53	18.53	18.53
60	38.90	38.90	38.90	38.90	38.90
55	57.87	57.87	57.87	57.87	57.87
50	72.76	70.87	69.04	66.69	64.97
45	766.24	570.71	425.1	287.98	214.5

表2-6　油样流变测定结果（6.9MPa）

温度/℃	黏度/mPa·s				
	384.34s⁻¹	576.51s⁻¹	768.68s⁻¹	960.85s⁻¹	1153.02s⁻¹
85	15.74	15.74	15.74	15.74	15.74
80	17.63	17.63	17.63	17.63	17.63
75	21.37	21.37	21.37	21.37	21.37
70	25.98	25.98	25.98	25.98	25.98
65	30.90	30.90	30.90	30.90	30.90
60	41.78	41.78	41.78	41.78	41.78
55	59.67	59.67	59.67	59.67	59.67
50	90.34	85.56	82.47	81.25	80.41
45	195.35	170.32	160.56	152.41	146.06

表2-7　油样流变测定结果（13.79MPa）

温度/℃	黏度/mPa·s				
	384.34s⁻¹	576.51s⁻¹	768.68s⁻¹	960.85s⁻¹	1153.02s⁻¹
85	17.47	17.47	17.47	17.47	17.47
80	19.98	19.98	19.98	19.98	19.98
75	24.61	24.61	24.61	24.61	24.61
70	29.81	29.81	29.81	29.81	29.81
65	35.50	35.50	35.50	35.50	35.50
60	50.00	50.00	50.00	50.00	50.00
55	66.84	66.84	66.84	66.84	66.84
50	102.84	98.00	95.64	93.21	91.90
45	319.27	295.53	261.92	246	248.85

表2-8 油样流变测定结果（24.14MPa）

温度/℃	黏度/mPa·s				
	384.34s⁻¹	576.51s⁻¹	768.68s⁻¹	960.85s⁻¹	1153.02s⁻¹
85	20.42	20.42	20.42	20.42	20.42
80	25.16	25.16	25.16	25.16	25.16
75	28.39	28.39	28.39	28.39	28.39
70	37.52	37.52	37.52	37.52	37.52
65	49.15	49.15	49.15	49.15	49.15
60	65.24	65.24	65.24	65.24	65.24
55	83.68	83.68	83.68	83.68	83.68
50	179.12	157.23	144.48	142.72	137.12
45	571.36	531.66	471.66	448.26	531.26

二、高压下析蜡点计算

首先采用黏流活化能法对表2-5中的数据进行计算，常压下的析蜡点为63.74℃，针对同一油样，又采用了DSC法测试了油样在常压下的析蜡点为63.98℃，两者相差0.24℃，结果表明，基于黏流活化能法计算析蜡点的方法可靠、准确。依照常压下析蜡点的计算方法，对表2-6、表2-7和表2-8中不同压力下的流变数据进行计算，结果见表2-9，可以看出，高压下的析蜡点不同，并且压力越大，析蜡点越高。对压力和析蜡点进行线性回归，如图2-30所示，压力每增加1MPa，析蜡点约升高0.15℃。

表2-9 高压下析蜡点结果

压力/MPa	回归方程	析蜡点/℃
0.1	$\ln\eta = -12.177 + 5.1398/T$ $\ln\eta = -34.331 + 12.617/T$	63.74
6.9	$\ln\eta = -8.9202 + 4.1741/T$ $\ln\eta = -18.18 + 7.3052/T$	64.97
13.79	$\ln\eta = -9.5984 + 4.4563/T$ $\ln\eta = -17.175 + 7.0184/T$	65.14
24.14	$\ln\eta = -11.289 + 5.0814/T$ $\ln\eta = -15.232 + 6.4245/T$	67.47

三、高压下凝点计算

原油是一种复杂的混合物，从严格的物理意义上讲，原油不存在固定的凝点，在石油行业中，所谓的凝点指的是在一定条件下，原油刚刚失去流动性时的最高温度，并不是指原油中各组分都变成了固体时的温度。原油失去流动性一般存在两种原因，一是随着温度

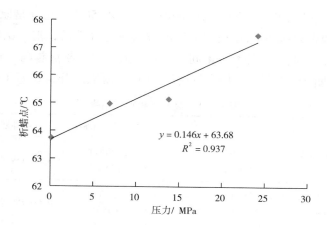

图 2-30　压力和析蜡点关系曲线

的降低，原油的黏度越来越大，当黏度大到一定程度时，便表现为失去了流动性；二是当原油中蜡质含量较高时，析出的蜡晶会形成蜡晶网络结构，这种结构化的网络能够使原油失去流动性。

通过测量高压下油样的流变性发现，压力越大，油样的黏度越大，原油的流动性越差。常规凝点测定只能测量常压下的原油，对于高压下原油凝点的测量目前还没有相关标准和仪器，但是很明显，无论是高压下的原油还是常压下的原油，其凝点指的都是原油失去流动性时的最高温度，而原油流动性的一个宏观表征参数就是原油的黏度，黏度越小，流动性越强，黏度越大，流动性越弱，当原油的黏度达到一定程度时，原油就表现出难以流动的特征。对于同一种原油而言，当其失去流动时，可以认为该油样无论处于什么压力下，其在一定剪切速率下的黏度值是相同的，这是因为黏度是流动性的宏观表征参数，因此只要其凝固，则黏度相等。据此，根据常压下原油凝点和黏温数据确定该油样在凝点时某一特定剪切速率下的黏度，再通过高压下的黏温数据，就可以找到该黏度对应的温度，即该压力下原油的凝点。

油样凝固点测量采用国产 WFY-131A 型凝点仪，油样在常压下的凝点为 45℃，对表 2-6 中 6.9MPa 的流变数据按照非牛顿幂律流体流变方程进行拟合，结果见表 2-10。

表 2-10　6.9MPa 下油样非牛顿幂律流体拟合结果

温度/℃	拟合方程	黏度（5s^{-1}）/mPa·s
50	$\mu = 170.54\gamma^{-0.1078}$	143.38
45	$\mu = 1420\gamma^{-0.3227}$	844.75

从表 2-5 中可以看出，常压下（0.1MPa）油样在凝固点 45℃，剪切速率为 5s^{-1} 时的黏度为 766.24mPa·s，从表 2-6 中可以看出，对于 6.9mPa 下的油样而言，766.24 mPa·s 处于 45℃ 和 50℃ 之间。对 45℃ 和 50℃ 时的黏度 844.75mPa·s 和 143.38mPa·s 进行线性回归，结果如式（2-25）：

$$\mu = -140.27T + 7157.1 \tag{2-25}$$

将 766. 24mPa·s 代入式（2-25），求得温度 T 为 45. 56℃，也就是原油在 6. 9MPa 下的凝点。对表 2-7 和表 2-8 的数据按照上述的方法进行计算后，汇总结果见表 2-11。从表 2-11 中可以看出，高压下的凝点不同，并且压力越大，凝点越高，对压力和析蜡点进行线性回归后，如图 2-31 所示，压力每增加 1MPa，凝点约升高 0. 17℃。

表 2-11 高压下析蜡点结果

压力/MPa	幂律拟合方程	黏度（$5s^{-1}$）/mPa·s	线性回归方程	凝点/℃
6. 9	$\mu = 170.54\gamma^{-0.1078}$（50℃） $\mu = 1420\gamma^{-0.3227}$（45℃）	143. 38（50℃） 844. 75（45℃）	$\mu = -140.27T + 7157.1$	45. 56
13. 79	$\mu = 188.63.54\gamma^{-0.1024}$（50℃） $\mu = 1721.7\gamma^{-0.2814}$（45℃）	159. 97（50℃） 1094. 63（45℃）	$\mu = -186.93T + 9506.6$	46. 76
24. 14	$\mu = 712.68\gamma^{-0.2423}$（50℃） $\mu = 2934.9\gamma^{-0.2788}$（45℃）	482. 70（50℃） 1873. 79（45℃）	$\mu = -278.22T + 14394$	48. 98

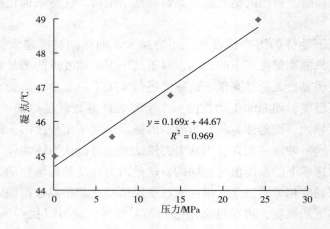

图 2-31 压力和凝点关系曲线

第三章 高凝油油藏注水开发渗流特征

原油在孔隙介质中的流动特征十分复杂，而对于高凝油而言，不仅存在普通原油所具备的同等复杂性，更有其独特的流动特征。当高凝油低于析蜡温度流经孔隙介质时，析出的蜡晶分散在高凝油中，会在孔隙介质流动过程中发生扩散、沉积、拦截、惯性、吸附和水动力等多种过滤行为，这种过滤行为不仅改变了高凝油本身的特性，更进一步对孔隙介质造成了影响，孔隙介质结构特征一旦改变，意味着高凝油是在一个动态变化的孔隙介质中流动，这就大大加剧了流动特征的复杂性，因此本章重点讨论高凝油油藏注水开发时的渗流特征。

第一节 高凝油启动压力梯度

一、实验设计

1. 实验装置

实验采用如图 3-1 所示的装置流程，其中包括以下主要元件：①3 个高压不锈钢容器（压力 0~70MPa；温度≤150℃；容积 1000mL），用来储存流体；②1 个 ISCO 高精度注入泵（流速 0.001~60mL/min；流速精度 0.5%；压力 0~10000psi；压力精度 0.1%），用来驱动流体；③1 个岩心夹持器（压力 0~100MPa；温度≤150℃）用来稳定岩心并提供围压；④1 个围压泵（压力 0~5800psi；压力精度 0.1%），用来为岩心夹持器中的岩心提供设定的围压；⑤2 个高精度压力表（压力 0~20MPa，精度 0.25%），用来测量岩心两端的压力；⑥1 个恒温箱（温度室温至 150℃；精度±5℃），用来保证实验过程中温度不变。

2. 实验材料

实验岩心采用人造岩心，岩心渗透率在 $2000 \times 10^{-3} \mu m^2$ 左右。实验用油采用国外某油田的脱气原油和配置的含气原油，脱气原油的析蜡点为 61.23℃，凝点为 45℃，含气原油的析蜡点为 59.73℃，凝点为 34.8℃。

3. 实验步骤

实验前，将岩心抽真空 4h，并用原油饱和 48h，确保岩心中的孔隙完全被单相油饱和，然后升高围压并稳定 30min，确保岩心被完全夹持，然后将恒温箱的温度设置到预定温度，并稳定 4h，确保整个实验环境温度达到实验要求的温度。然后开始流动实验，调节 ISCO 泵，流量由小到大逐级增大，并记录出口端的流量以校正 ISCO 泵的流量。当一个流

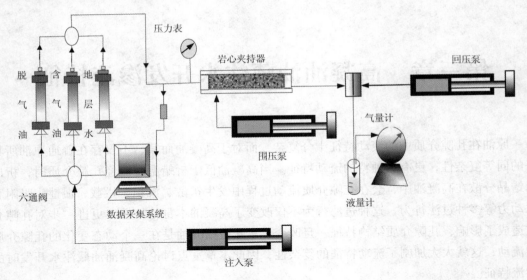

图 3-1　实验流程示意图

量测量完后，进行下一个流量，直到该岩心所有设定流量测量结束，然后再以同样的步骤
进行下一块岩心的测量。

4. 数据处理

高凝油由于具有非牛顿流体的特性，在计算启动压力梯度时，按式（3-1）拟合：

$$v = c\left(\frac{\Delta P}{L} - P_o\right)^m \qquad (3-1)$$

式中　v——高凝油在岩心中的流速；

　　　c——系数；

　　　ΔP——岩心两端的压差；

　　　L——岩心长度；

　　　P_o——启动压力梯度；

　　　m——幂指数。

二、实验结果与讨论

1. 脱气原油在不含束缚水岩心中的启动压力梯度

在 8 个不同温度下，进行了脱气原油在不含束缚水岩心中的启动压力梯度实验，按照
式（3-1）进行拟合，拟合结果见表 3-1，可以看出，随着温度的降低，启动压力梯度越
来越大，在凝固点附近（48℃），启动压力梯度急剧增大。

表 3-1　启动压力拟合结果

温度/℃	启动压力梯度/（MPa/m）	系数（c）	幂指数（m）	相关系数（R^2）
85	0.00005	0.00069	0.96856	0.99756
80	0.00007	0.00007	1.03051	0.99972

温度/℃	启动压力梯度/（MPa/m）	系数（c）	幂指数（m）	相关系数（R^2）
70	0.00009	0.00023	1.05708	0.99708
65	0.00036	0.00004	1.07096	0.99475
60	0.00060	0.00003	1.09457	0.99994
55	0.00961	0.00002	1.15998	0.99938
50	0.01862	0.00001	1.18102	0.99980
48	0.24677	0.000001	1.71493	0.99520

2. 脱气原油在含束缚水岩心中的启动压力梯度

对岩心先进行了造束缚水，束缚水饱和度为 21.23%，在 8 个不同温度下，进行了脱气原油在含束缚水岩心中的启动压力梯度实验，按照式（3－1）进行拟合，拟合结果见表 3－2，可以看出，随着温度的降低，启动压力梯度越来越大，在凝固点附近（48℃），启动压力梯度急剧增大。

表 3－2　启动压力拟合结果

温度/℃	启动压力梯度/（MPa/m）	系数（c）	幂指数（m）	相关系数（R^2）
85	0.00007	0.00056	0.92856	0.99955
80	0.00010	0.00011	1.06099	0.99841
70	0.00014	0.00013	1.09612	0.99875
65	0.00067	0.00004	1.14034	0.99622
60	0.00092	0.00004	1.19456	0.99442
55	0.01473	0.00008	1.32114	0.99922
50	0.04562	0.00005	1.5901	0.99801
48	0.31021	0.000002	2.01493	0.99672

3. 含气原油在不含束缚水岩心中的启动压力梯度

在 8 个不同温度下，进行了含气原油在不含束缚水岩心中的启动压力梯度实验，按照式（3－1）进行拟合，拟合结果见表 3－3，可以看出，随着温度的降低，启动压力梯度越来越大，在凝固点附近（48℃），启动压力梯度急剧增大。

表 3－3　启动压力拟合结果

温度/℃	启动压力梯度/（MPa/m）	系数（c）	幂指数（m）	相关系数（R^2）
85	0.00002	0.00012	0.99652	0.99356
80	0.00004	0.00003	1.01033	0.99713
70	0.00006	0.00011	1.02305	0.99812
65	0.00013	0.00003	1.05146	0.99923

温度/℃	启动压力梯度/（MPa/m）	系数（c）	幂指数（m）	相关系数（R^2）
60	0.00040	0.00002	1.07781	0.99945
55	0.00561	0.00003	1.11348	0.99358
50	0.01162	0.00001	1.15589	0.99911
48	0.19677	0.00005	1.44456	0.99960

4. 含气原油在含束缚水岩心中的启动压力梯度

对岩心先进行了造束缚水，束缚水饱和度为 22.69%，在 8 个不同温度下，进行了含气原油在含束缚水岩心中的启动压力梯度实验，按照式（3-1）进行拟合，拟合结果见表 3-4，可以看出，随着温度的降低，启动压力梯度越来越大，在凝固点附近（48℃），启动压力梯度急剧增大。

表 3-4　启动压力拟合结果

温度/℃	启动压力梯度/（MPa/m）	系数（c）	幂指数（m）	相关系数（R^2）
85	0.00003	0.00009	0.97126	0.99912
80	0.00006	0.00006	1.03283	0.99987
70	0.00008	0.00009	1.05607	0.99845
65	0.00043	0.00013	1.08649	0.99966
60	0.00070	0.00004	1.10492	0.99992
55	0.00934	0.00002	1.20628	0.99918
50	0.03367	0.00004	1.32381	0.99911
48	0.21445	0.00006	1.51667	0.99860

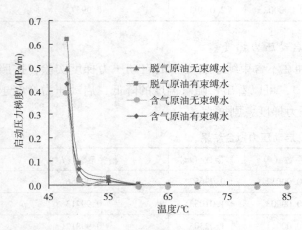

图 3-2　启动压力梯度和温度关系曲线

对几种不同条件下的原油启动压力梯度实验进行对比分析，结果如图 3-2 所示，可以看出，随着温度的降低，启动压力梯度逐渐增大。其中，脱气原油在含束缚水岩心中的启动压力梯度最大，在不含束缚水岩心中的启动压力梯度次之；含气原油在不含束缚水岩心中的启动压力梯度小于脱气原油在不含束缚水岩心中的启动压力梯度，脱气原油在不含束缚水岩心中的启动压力梯度最小。

第二节　高凝油蜡沉积规律

一、渗滤概念

在低温条件下，含蜡原油在储层中的流动行为可用图 3-3 直观表现，含蜡原油在低于析蜡温度时，蜡晶从原油中析出，析出的蜡晶会形成网络结构，在通过储层时，析出的蜡晶随着原油在储层中流动，由于储层为多孔介质，孔喉微观结构十分复杂，当蜡晶经过狭小的孔喉时，由于卡堵、桥堵和吸附等物理化学作用而滞留沉积下来，减小了孔隙体积，降低了储层的渗透能力，从而对储层造成了伤害。

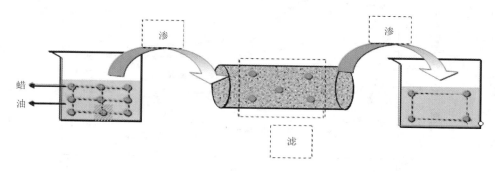

图 3-3　渗滤示意图

原油通过储层时，表现出了渗透的流动特征；蜡晶流过岩心时，部分蜡晶被储层过滤，表现出了过滤的特征。这种特殊的渗流行为表现出了渗透和过滤双重特征，为此，笔者将含蜡原油在储层中这种特殊的流动行为定义为渗滤。分析可知，含蜡原油在储层中的渗滤行为是储层发生冷伤害的根本原因。

二、实验设计

采用如图 3-1 所示的实验装置进行高凝油在岩心中的沉积实验，原油采用高压含气原油，按照下面的实验步骤进行实验：

（1）选出实验岩心，岩心基本参数见表 3-5；

（2）计算不同岩心在选定流量 $Q=0.5\text{mL/min}$ 下，通过 0.1PV 所需要的时间，然后每相隔 0.1PV，记录上游的压力数据，围压为 22MPa，下游回压 12MPa；

（3）对于每一块岩心重复进行 60℃、55℃、50℃、45℃ 和 40℃ 的实验，同时记录对应 PV 数时的上下游压力。

表 3-5　岩心参数

岩心编号	直径/cm	长度/cm	孔隙度/%	85℃油测 $K/10^{-3}\mu m^2$
S1	2.533	4.836	29.6	94
S2	2.483	5.124	30.9	321
S3	2.394	5.894	28.19	577

实验结果如图 3-4、图 3-5 和图 3-6 所示，可以看出：①对于同一岩心，随着注入孔隙体积倍数的增加，渗透率越来越小；在同一注入孔隙体积倍数下，温度越低，渗透率减小得越多。②对于不同的岩心，渗透率越小的岩心，渗透率降低幅度越大。

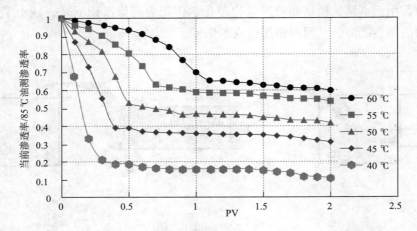

图 3-4　不同温度渗透率降低比（岩心 S1）

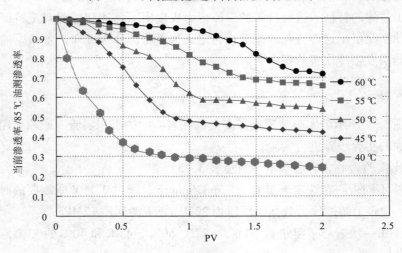

图 3-5　不同温度渗透率降低比（岩心 S2）

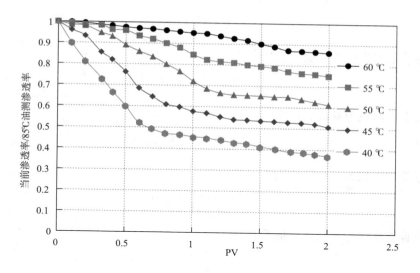

图 3-6　不同温度渗透率降低比（岩心 S3）

三、多孔介质蜡沉积模型推导

1. 物理模型

从原油中析出的蜡质沉积在油层岩石表面，对油层造成了损害。为了方便研究，将真实岩心简化成毛细管，并且将沉积的蜡质等效为圆环，油层伤害可用图 3-7 表示。将真实孔隙中蜡的不规则沉积等效为在半径为 r_0 的毛细管中厚度为 h 的蜡质圆环沉积。

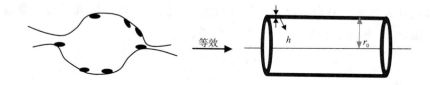

图 3-7　岩心蜡沉积等效示意图

2. 数学模型

当温度高于析蜡温度时，设对于一岩心，横截面积为 A，单位面积上有 n 根毛细管，r_0 为假设的毛细管半径，根据 Poiseuille 定律可知通过该岩心的流量为：

$$Q = \frac{\pi n A r^4 \Delta p}{8 \mu L} \tag{3-2}$$

若岩石渗透率为 K，由 Darcy 公式得渗流流量为：

$$Q = \frac{KA\Delta p}{\mu L} \tag{3-3}$$

根据等效渗流原理，两者流量相同，则：

$$K = \frac{\varphi r^2}{8} \qquad (3-4)$$

岩心等效毛细管后的孔隙度表达式为：

$$\varphi = \frac{\pi n A r^2 L}{AL} = \pi n r^2 \qquad (3-5)$$

以岩石表观体积为基数的比面为：

$$s = \frac{nA(2\pi r) L}{AL} = 2\pi rn \qquad (3-6)$$

以岩石孔隙体积为基数的比面为：

$$S_P = \frac{nA(2\pi r) L}{nA\pi r^2 L} = \frac{2}{r} \qquad (3-7)$$

以岩石骨架体积为基数的比面为：

$$S_s = \frac{2\pi n r}{1 - \varphi} \qquad (3-8)$$

由式（3-4）~式（3-8）得：

$$K = \frac{\varphi}{2 s_p^2} \qquad (3-9)$$

在特定温度下，随着高凝油注入时间的延长，岩心中的蜡沉积量越来越大，因此蜡沉积量 σ 可以表示为 $\sigma(t)$，则等效蜡质在毛细管中形成的圆环厚度 $h(t)$，所以可得等式：

$$An \{\pi r_0^2 L - \pi [r_0 - h (t)^2] L\} = \sigma(t) \qquad (3-10)$$

进一步可得：

$$h (t) = r_0 - \sqrt{r_0^2 - \frac{\sigma(t)}{\pi An L}} \qquad (3-11)$$

设以岩石孔隙体积为基数的比面在蜡沉积前后不发生变化，蜡沉积后的渗透率和孔隙度用 $K(t)$ 和 $\varphi(t)$ 表示，仿照式（3-9），可得：

$$K(t) = \frac{\varphi(t)}{2 s_p^2} \qquad (3-12)$$

仿照式（3-5）可得：

$$\varphi(t) = \pi n [r_0 - h(t)]^2 \qquad (3-13)$$

由式（3-5）和式（3-13）得：

$$\frac{\varphi(t)}{\varphi} = \frac{\pi n [r_0 - h(t)]^2}{\pi n r_0^2} = \left[1 - \frac{h(t)}{r_0}\right]^2 \qquad (3-14)$$

由式（3-9）、式（3-12）和式（3-14）得：

$$K(t) = K\left[1 - \frac{h(t)}{r_0}\right]^2 \qquad (3-15)$$

由式（3-4）和式（3-5）得：

$$n = \frac{\varphi}{\pi r_0^2} = \frac{\varphi^2}{8\pi K} \qquad (3-16)$$

由式（3-11）、式（3-15）和式（3-16）得 $\sigma(t)$ 的计算公式为：

$$
\begin{cases}
h(t) = r_0 - \sqrt{r_0^2 - \dfrac{\sigma(t)}{\pi AnL}} \\[2mm]
n = \dfrac{\varphi}{\pi r_0^2} = \dfrac{\varphi^2}{8\pi K} \\[2mm]
K(t) = K\left[1 - \dfrac{h(t)}{r_0}\right]^2
\end{cases}
\tag{3-17}
$$

为了描述蜡沉积造成孔隙度的损失，定义损失孔隙度 $\Delta\varphi(t)$ 为蜡沉积量 $\sigma(t)$ 和岩心表观体积 V_b 的比值。

$$
\Delta\varphi(t) = \frac{\sigma(t)}{V_b}
\tag{3-18}
$$

四、蜡沉积特征分析

应用建立的蜡沉积数学模型，对实验部分的实验数据进行了计算分析，计算结果如图3-8～图3-16所示。从图中可以看出：①温度越低，累计沉积量越大，随着 PV（注入孔隙体积倍数）的增加，累计沉积量渐趋于平衡。②温度越低，孔隙度损失越大，随着 PV 的增加，孔隙度损失渐趋于平衡。③随着 PV 的增加，沉积速率先增大，存在一个峰值，然后降低，这是因为开始时，沉积的蜡并没有对渗透率形成多大影响，只有当蜡沉积量达到一定值时，渗透率才有明显的降低，因此用上述建立的毛细管蜡沉积模型只能表征拟沉积速率，并不是真正意义上的蜡沉积速率，但是该拟沉积速率由于和渗透率相关联，因此更具实际意义。④在相同温度下，岩心渗透率越低，累计沉积量越高，并且沉积速率的峰值越高。

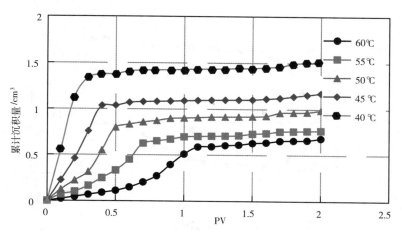

图3-8　不同温度下累计沉积量（岩心 S1）

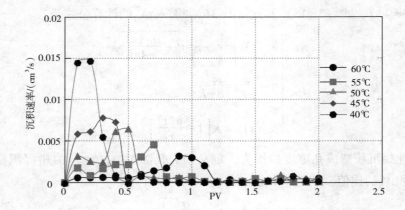

图 3-9　不同温度下沉积速率（岩心 S1）

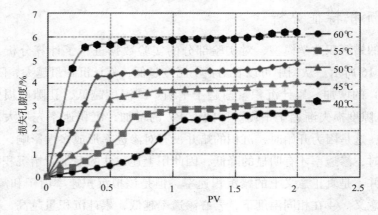

图 3-10　不同温度下损失孔隙度（岩心 S1）

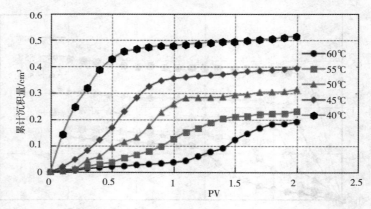

图 3-11　不同温度下累计沉积量（岩心 S2）

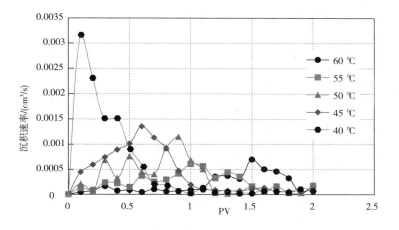

图 3-12　不同温度下沉积速率（岩心 S2）

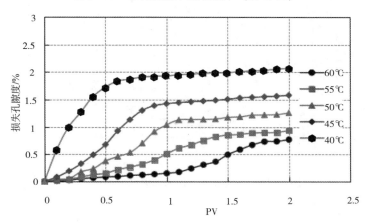

图 3-13　不同温度下损失孔隙度（岩心 S2）

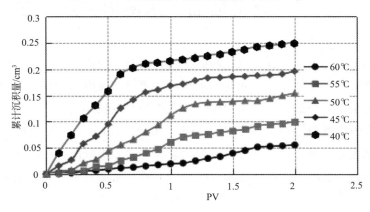

图 3-14　不同温度下累计沉积量（岩心 S3）

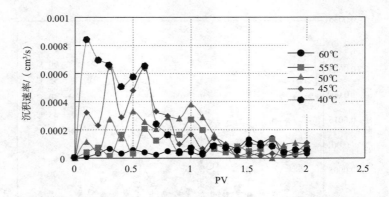

图 3-15　不同温度下沉积速率（岩心 S3）

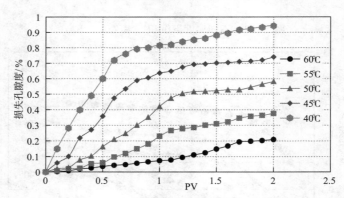

图 3-16　不同温度下损失孔隙度（岩心 S3）

第三节　高凝油油－水两相相渗特征

高凝油与其他油品不同，其油水相渗曲线具有随温度变化而改变的特点。当温度高于析蜡温度时，高凝油是牛顿流体，此时油水相渗规律与常规原油相似；当温度低于析蜡温度时，蜡晶开始析出并分散在原油中，单一液态逐渐变成悬浮液，形成双相体系，黏度变化开始剧烈；当温度继续下降到反常点以下时，析出的蜡晶增多并聚集，一部分蜡晶吸附、沉积在渗流通道表面，另一部分以海绵状凝胶体的形式分散在原油中，呈现出非牛顿流体的流变特征；当温度进一步下降到凝固点以下时，原油发生转相，蜡晶相互连接形成空间网络结构，成为连续相，液态烃则被隔开而成为分散相，失去其流动性，此时原油为塑性流体。正是由于这些特点，使得油水相渗规律十分复杂。由于高凝油中的气也能够溶解蜡，使原油中蜡浓度发生变化，导致析蜡温度也随之改变，若直接采用脱气高凝油进行油水相渗测定实验，将会带来较大误差。

一、实验设计

根据非稳态法测量油水相对渗透率的实验原理，采用 Kingfisher 油田高压含气原油作为实验用油进行油水相渗实验，记录见水时间、累计产油量、累计产水量和岩心两端压差，并计算油水相对渗透率。

1. 实验条件

实验采用的是 Kingfisher 油田实际储层岩心，选取孔隙结构特征相似，低渗透率和高渗透率两个级别的岩心各 3 块。注入水为按照该油田地层水成分分析数据配制的等矿化度标准的盐水，矿化度为 8095.8mg/L。实验选取多个温度点，对重复使用的岩心要进行洗油处理。根据标准 SY/T 5345—2007，驱动方式采用恒速驱动，并用非稳态法确定驱替速度，综合考虑驱替流量取 0.5cm³/min。实验采用 Kingfisher 油田高压含气高凝油，析蜡点约为 64℃，实验前需要对高压活油瓶中的原油进行转样。高压活油瓶具有 3 个接口及相应阀门：原油接口（转入或转出原油）、液压水接口（用于控制或驱动活塞，以便转入或转出原油）、氮气接口（用于注入高压氮气，在储存及运输过程中，当室温变化时，依靠氮气的弹性能保持活油瓶内的压力）。将高压活油瓶水平放置在恒温箱内，通过液压水接口连接防水管线及压力表，再连接原油管线，并与实验室活塞容器相连，抽真空后准备倒油。将恒温箱升温至 85℃，升温期间监测液压水的压力，当压力上升 1MPa 时，间歇打开阀门放水，使瓶内压力保持原始数值。当温度达到 85℃后，间歇打开阀门放水，使瓶内压力降低到地层压力后，稳定 3h。最后通过自动泵向液压水接口注水，轻开原油阀门，将原油推入活塞容器中。当全部原油转入活塞容器后，转样完毕，关闭所有阀门。

2. 实验步骤

（1）将恒温箱设置在预定温度，将浸泡在地层水中的岩样装入岩心夹持器中，并在实验温度下恒温 1h。

（2）以 0.5cm³/min 的流量，注入 10 倍孔隙体积水后，以 0.5cm³/min 的流量测有效渗透率。连续测定 3 次，相对误差小于 3%。

（3）饱和油：用油驱水法建立束缚水饱和度。饱和油流量为 0.1cm³/min，后期用 0.5cm³/min 的流量。饱和油体积用量在 10PV 左右，以不产水且生产气油比等于原油溶解气油比为准。

束缚水饱和度按式（3-19）计算：

$$S_{wi} = \frac{V_p - V_{wi}}{V_p} \qquad (3-19)$$

式中　S_{wi}——束缚水饱和度,%；

　　　V_{wi}——岩石内被驱出来的水体积,cm³；

　　　V_p——岩石孔隙体积,cm³。

（4）岩石润湿性。恢复岩石润湿性的方法主要依靠老化，老化时间一般为 24h。

（5）本实验选择恒速法进行水驱油实验。流量计算设计为 $0.5cm^3/min$。以 $0.5cm^3/min$ 的流量驱 4PV，然后改为 $1cm^3/min$ 的流量驱到累计 30PV。实验应记录见水前的无水期产油量，准确记录见水时间，见水时的累计产油量、累计产液量、岩样两端的压力差。见水初期，加密记录，根据出油量的多少选择时间间隔，随出油量的不断下降，逐渐加长记录的时间间隔。注水 30PV 后（或含水率到 99.95% 时），测残余油时的水相渗透率。

（6）残余油饱和度测定。水驱油完成后，把岩心取出，用 Dean Stark 抽提测定实验结束时的含水量，计算束缚水饱和度，并与物质平衡法所求的饱和度相对照。

二、实验结果分析

1. 含气原油和脱气原油相渗曲线对比

为了研究高凝油是否含气对相渗曲线特征的影响，分别采用含气活油和脱气原油作为实验用油，选取同一岩心分别在析蜡温度以上（85℃）和析蜡温度以下（50℃）进行相渗曲线测定实验，实验结果如图 3-17 所示。利用含气活油得到的相渗曲线与脱气原油相比，油相相对渗透率较高，水相相对渗透率较低，残余油饱和度降低，水驱油效率增加，含水上升变慢。这是因为在相同温度下，脱气原油比含气原油黏度要高很多，特别是在析蜡温度以下时，这种黏度差异就更加明显。不同的油水黏度比将会对油水相对渗透率产生一定影响；而且高凝油中的气也能溶解蜡质，使原油中蜡浓度发生变化，导致析蜡温度发生变化。因此，采用含气活油得到的油水相渗曲线将更加准确，取得的水驱油规律也更加符合实际情况。

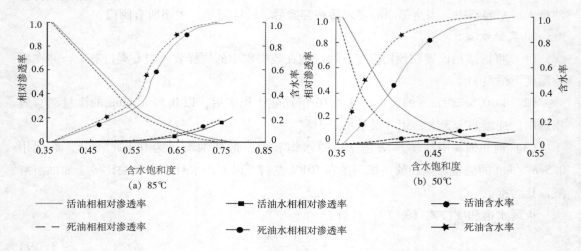

图 3-17   不同温度下含气活油与脱气原油相渗曲线对比

2. 温度对含气高凝油相渗曲线特征的影响

研究结果表明：随着实验温度的降低，油相相对渗透率降低，水相相对渗透率提高；残余油饱和度显著升高，残余油饱和度对应的水相相对渗透率增加，含水上升快，水驱油效果变差；两相共流区域变窄，等渗点对应的相对渗透率变化不大，对应的含水饱和度大幅度降低。当实验温度低于析蜡温度（64℃）时，这些变化就更加剧烈。温度对相渗曲线产生较大的影响，主要有两方面的原因：一是随着温度降低，原油黏度增高，流动阻力增大，导致油相相对渗透率显著下降，二是析出的蜡质一部分会随油水运移到细小孔喉处发生堵塞，另一部分则沉积在孔道表面，使岩石孔隙表面润湿性向亲油方向转化，水驱油效率大幅降低，残余油饱和度升高。因此，为了准确描述高凝油油藏的油水渗流特征，有必要针对储层不同的温度条件选择不同的相渗曲线。

3. 渗透率对含气高凝油相渗曲线特征的影响

为研究储层渗透率对含气高凝油相渗曲线特征的影响，分别在不同温度下将高渗储层（Ⅰ类）与低渗储层（Ⅱ类）的相渗曲线进行了对比。研究表明：在高温条件下，高凝油还未析蜡，岩心渗透率对相渗曲线的影响较小，低渗储层的残余油饱和度与束缚水饱和度都略高于高渗储层，驱油效率较差；但在析蜡温度（64℃）以下时，这种差异就变得很明显，这是因为析出的蜡质对低渗储层渗流通道造成的损害要高于高渗储层（表3-6）。为了准确描述高凝油油藏的油水渗流特征，特别是在储层温度降至析蜡温度以下时，有必要根据储层的不同渗透率级别选择不同的相渗曲线。

表3-6　岩心实验数据记录表

岩心号	温度/℃	束缚水饱和度下油相绝对渗透率/$10^{-3}\mu m^2$	残余油饱和度下水相绝对渗透率/$10^{-3}\mu m^2$	束缚水饱和度	残余油饱和度	残余油饱和度下水相相对渗透率/$10^{-3}\mu m^2$	驱油效率
5-001	85	370.7	76.08	0.363	0.226	0.205	0.646
5-002	85	48.2	9.27	0.372	0.243	0.192	0.613
5-003	80	428.0	91.11	0.359	0.247	0.213	0.614
5-004	80	85.7	13.88	0.371	0.266	0.162	0.579
5-005	70	225.1	36.15	0.350	0.308	0.161	0.526
5-006	70	97.0	14.73	0.356	0.312	0.152	0.509
5-007	60	217.3	29.85	0.356	0.438	0.137	0.432
5-008	60	95.2	11.05	0.368	0.471	0.150	0.372
5-009	50	133.6	13.14	0.356	0.469	0.098	0.271
5-010	50	8.5	0.79	0.371	0.515	0.093	0.182

4. 老化时间对油水两相渗流的影响

两块天然岩心，一块岩心老化12h，另外一块岩心老化20d，实验结果如图3-18所示，老化时间越长，其束缚水饱和度变化不同，这是由于在造束缚水阶段，老化并未进行，所以老化时间对束缚水饱和度没有影响。老化时间越长，其残余油饱和度越大，这是由于随着老化时间的延长，原油中某些极性物质吸附在岩石矿物表面，使得岩石由强水湿向油湿转变，导致老化时间越长，在岩石矿物表面容易形成油膜，导致残余油饱和度增大。老化时间越长，其驱替效率越低，这是由于岩心由水湿向油湿转变时，水驱油时很难在岩石矿物壁面形成连续的水流通道，而是聚集在孔隙中间，水和油滴两相流动时，会形成贾敏效应等，增加了驱替难度，驱替效率降低。

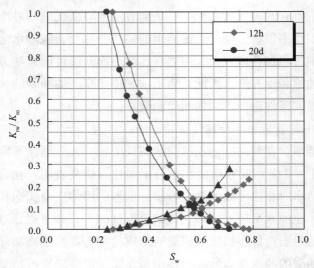

图 3-18　老化时间对相渗曲线的影响

5. 围压对油水两相渗流的影响

对两块天然岩心老化 12h 后，在不同的围压下进行了油水两相实验，其中一块岩心的围压为 22MPa，另外一块岩心的围压为 13MPa，实验结果如图 3-19 所示。围压越大，其束缚水饱和度越高，这是由于存在应力敏感现象，围压变大，岩心有效应力增大，发生渗透率和孔隙度应力敏感，其渗透率和孔隙度都降低，由于岩心亲水，在造束缚水阶段，油驱水过程变得困难，导致束缚水饱和度变大。围压越大，其残余油饱和度变化不大，这是由于岩心亲水，经过相当长时间的驱替后，残余油饱和度和低围压下的残余油饱和度变化不大。围压越大，其驱替效率越低，这是由于应力敏感性造成的，压力越大，驱替越困难，驱替效率降低。

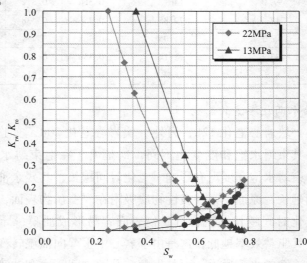

图 3-19　围压对相渗曲线的影响

第四节　注水温度对驱油效率的影响

一、水驱油实验条件与流程

实验采用的岩心样品是 Kingfisher 油田实际储层岩心，注入水为按照该油田地层水成分分析资料配制的等矿化度标准盐水，地层水矿化度为 8095.8mg/L，实验用油是 Kingfisher 油田高压含气原油，析蜡点约为 64℃，凝固点约为 53℃，实验前需要对高压活油瓶中的原油进行转样来保持原始含气量。实验驱动方式选择恒速驱动，并利用非稳态法 $L\mu_w\nu_w \geqslant 1$ 来确定驱替速度，综合考虑驱替流量取 $0.5\text{cm}^3/\text{min}$。高凝油水驱油实验流程如图 3-20 所示，实验装置为 SYS-Ⅲ 多级高温两相驱替系统，由注入系统、岩心夹持器系统、温压控制系统和油水分离及计量系统四个部分组成。

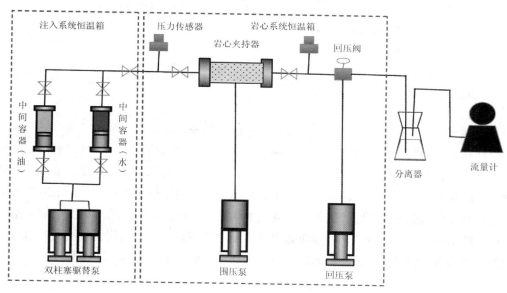

图 3-20　水驱油实验流程图

二、水驱油影响因素实验结果

1. 温度对水驱油效率的影响

为了研究温度对高凝油油藏水驱油效率的影响，实验中选取 45℃、50℃、55℃、60℃、65℃、70℃、75℃、80℃ 和 85℃ 共 9 个温度点，并选取相同孔渗级别的实际储层岩心，每块岩心进行 3 个温度点的实验，每次完成实验都要进行洗油处理。实验结果如图 3-21 所示，温度对水驱油效率的影响主要分为 3 个阶段。第一阶段：当实验温度高于析蜡温度时，高凝油中的蜡处于溶解状态，具有牛顿流体的性质。随着实验温度降低，原油黏度逐渐增大，较高的油水黏度比容易形成水的指进或窜流，使驱油效率降低，但是该阶段水驱油效率变化幅度不大。第二阶段：当实验温度低于析蜡温度但高于凝固点时，随着温度降低，高凝油中的蜡质逐渐析出，使原油黏度进一步增加。同时，析出的蜡一部分随油水运移到细小孔喉处发生堵塞，一部分沉积在孔道表面，使岩石的润湿性向亲油方向转化。三个方面的因素导致该阶段水驱油效率大幅降低。第三阶段：当实验温度低于凝固点时，驱油效率稳定在25%左右，实验中观察到该阶段析蜡严重，原油黏度急剧升高，含水上升快，水窜现象严重。综上可知，温度主要从黏度和析蜡两个方面来影响高凝油油藏水驱油效率，生产过程中保持地层温度高于析蜡温度是保证高驱油效率的关键。

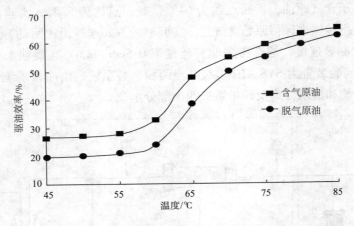

图 3-21　温度对水驱油效率的影响

以往在水驱油实验中，普遍采用脱气原油作为实验用油，由图3-22可以看出，高凝油中是否含气对黏温变化的影响较大，相同温度下脱气原油比含气原油的黏度要高很多。通过对比含气原油和脱气原油实验结果可以看出，采用脱气原油进行实验得到的驱油效率相对较低，特别是在析蜡温度以下时，这种差异就更加明显。而且高凝油中的溶解气也能够溶解蜡质，使原油中蜡浓度发生变化，导致析蜡温度也随之改变。因此，采用含气高凝油进行实验得到的水驱油效率将更加准确，得到的水驱油影响规律也会更加符合实际情况。

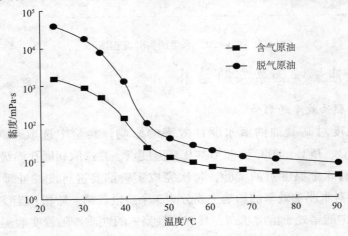

图 3-22　含气原油与脱气原油黏温曲线

2. 渗透率对水驱油效率的影响

为了验证储层渗透率对水驱油效率的影响，实验中选取孔隙度结构特征相似、渗透率级别不同的岩心，分别在不同实验温度下进行水驱油实验，渗透率级别分别为 $1500 \times 10^{-3}\mu m^2$、$900 \times 10^{-3}\mu m^2$、$300 \times 10^{-3}\mu m^2$ 和 $200 \times 10^{-3}\mu m^2$，实验结果如图 3-23 所示，不同渗透率下驱油效率随温度变化的曲线也都呈现出明显的 3 个阶段。随着岩样渗透率的提高，不同温度下的驱油效率都有一定的提高，但是提高幅度却不相同。当温度在析蜡点以上时，对比渗透率为 $200 \times 10^{-3}\mu m^2$ 和 $300 \times 10^{-3}\mu m^2$ 的两组曲线，驱油效率提高较为明显，而随着渗透率的进一步增加，驱油效率提高的幅度越来越小。这是因为当渗透率增大到一定程度后，注入水已经形成较为稳定的渗流通道，且实验见水后，渗透率的提高同样会提高水的流动能力，而对驱油效率的提高影响较小。当温度在析蜡点以下时，随着实验温度的降低，渗透率对驱替效率的影响越来越小，在凝固点附近时各渗透率下的驱油效率已十分接近，此时原油体系中已经大量析蜡，并形成具有一定强度的空间网状结构，严重堵塞渗流通道，在这种温度范围下渗透率的提高对驱油效率的影响并不明显。

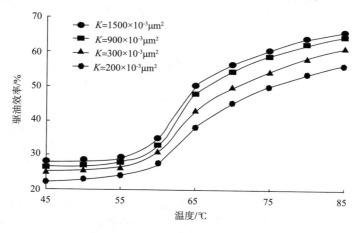

图 3-23　不同温度、不同渗透率下的驱油效率（含气原油）

3. 注水速率、注水倍数对水驱油效率的影响

为了研究注水速率、注水倍数对水驱油效率的影响，实验中设置 5 组不同的注水速率，分别注入 30PV 的水进行实验。本次实验只选取析蜡点以上（85℃）和析蜡点以下（60℃）两个温度进行测试。实验结果如图 3-24 所示，当实验温度在 85℃ 时，随着注水倍数的增加，驱油效率呈上升趋势。当注水倍数在 6PV 以下时，驱替效率提升十分明显，该阶段注入水驱替的是孔隙结构连通性好和大孔道中的油，孔隙中注入水水洗的范围和程度都很大。当注水倍数大于 6PV 时，大孔道中的大部分原油已被驱出，只剩下少部分附着油膜和绕流残余油，因此继续增大注水倍数，驱油效率提高的幅度会明显减小。当注水倍数相同时，不同注水速率下的驱油效率也不一样。从图 3-24 可以看出，最佳注水速率为 $5cm^3/min$，最终驱油效率能达到 40%，而当水驱速率低于或高于该值时，不同注水倍数下的驱油效率都会降低。该现象可以从润湿性上进行解释：当注水速率低于最佳注水速率时，孔道中部水驱油的速度小于束缚水剥蚀油膜的推进速度，水沿颗粒表面束缚水通道向前突进，在喉道处与相邻颗粒上的束缚水汇合，将孔道中还没有驱走的油分割，使其滞留下来；而当注水速率高于最佳注水速率时，此时已发生润湿反转，孔道中水的推进速度大于束缚水剥蚀原油推进的速度，注入水可以驱替走孔道中部的油，而靠近孔道壁的油还没来得及被剥蚀就滞留下来，使驱油效率降低；当两者速度相等时，水驱油呈活塞式驱替，驱油效率最高。因此，在高于析蜡点阶段，合理地选择注水速率，对提高水驱油效率有较大的影响。

当实验温度为60℃时，原油中已经部分析蜡，析出的蜡在孔道壁上沉积形成蜡膜，使岩石的润湿性由亲水转化为亲油。由图3-24可以看出，注水倍数在8PV之前，驱油效率增加十分明显，在8PV之后，驱油效率缓慢增加，但增加幅度略大于85℃时的幅度，这是因为长期注水冲刷后，沉积在孔道壁上的蜡质会被冲刷迁移，将渗流通道拓宽，并且改善润湿性。由于岩石润湿性已经转为亲油，注水速率越高，滞留在孔道壁上的原油越多，而且注水速率对蜡质的沉积也有较大的影响，从固相沉积模型可以看出，等式右边第一项表示表面沉积量，第二项表示固相沉积后又被携带到液相中的量，第三项表示固相沉积对孔喉的堵塞率。

$$\frac{\partial E_A}{\partial t} = \alpha S_L C_s \varphi - \beta E_A \left(\nu_L - \nu_{cr}\right) + \gamma u_L S_L C_s \qquad (3-20)$$

式中　S_L——体系中液相饱和度；

　　　C_s——固相浓度；

　　　φ——孔隙度；

　　　ν_L——液相孔隙流速，$\nu_L = u_L/\varphi$，cm/h；

　　　u_L——达西流速，cm/h；

　　　ν_{cr}——临界孔隙速度，cm/h；α为静态沉积系数，1/h；β为携带系数，1/cm；γ为堵塞系数，1/cm；α、β、γ均由实验拟合获得。

随着注水速率的增加，当液相孔隙流速大于临界孔隙流速时，沉积在表面的蜡质开始被携带到液相中，使蜡膜变薄，润湿性与孔渗特征都有所改善，但孔喉堵塞率与注水速率同样呈正比关系，携带于液相中的蜡质会在局部喉道产生堵塞。因此，在析蜡温度以下时，注水速率对驱油效率的影响是润湿性、蜡质携带量和喉道堵塞率三个方面共同的作用。从图3-24中可以看出，随着注水速率的增加，驱油效率呈下降趋势，但是低速率注水开发又无法满足现场生产的需要，因此有必要对注水速率进行优选。

三、温度对驱油效率的影响因素分析

1. 界面张力的改变

原油本身含有表面活性物质。这些表面活性物质总是自发地吸附在液体－液体或液体－固体界面上，形成一种膜。这些膜的物理性质与油－水系统的性质相差很大，它们以液膜、固膜等形式存在，对油－水界面张力及水驱油的驱油效率等有显著的影响。极性原

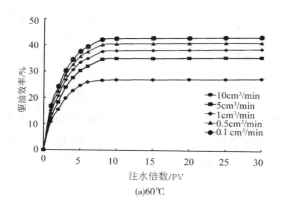
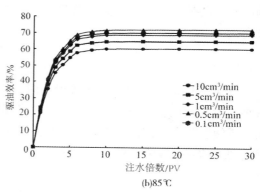

图 3-24 不同注水速率、不同注水倍数下的驱油效率

油分子在低温时吸附在油-水界面及岩石颗粒表面,随着温度升高,这些极性物质逐渐解除吸附,因此,温度的改变会引起油-水界面张力及润湿性的改变。当温度增加时,界面张力是随着温度增加而增加的。界面张力的改变会引起相对渗透率曲线形状的变化,随着界面张力的降低,残余油饱和度降低,束缚水饱和度降低,相对渗透率曲线的交叉点向含水饱和度低的方向移动,这种移动说明岩石的亲水性降低。

2. 流体黏度比的改变

热力采油的主要机理就是升温降黏,提高油在油藏中的流动能力。而水的黏度受温度的影响很小。因此,随着温度的升高,油水黏度比大幅度下降。黏度比对水驱油的效率影响很大,从而使相对渗透率曲线的端点饱和度发生改变,该变化主要是由黏滞不稳定性的改变和产水率的影响所致。

3. 润湿性的改变

当原油与岩石接触时,原油中极性物质会吸附到岩石表面上,影响岩石的润湿性,由于高凝油中极性物质含量丰富,当温度升高时,极性物质脱附作用增强,进而吸附量减小,从而使岩石的亲水性增强。以下是不同温度下水驱实验中温度与束缚水饱和度之间的关系:

表 3-7 束缚水饱和度与温度的关系数据

温度/℃	束缚水饱和度/%
65	29.2
75	30.7
85	35.7

从表 3-7 的数据中可以看出,最小含水饱和度即束缚水饱和度,随温度升高而增大,显示岩石亲水性增大。

4. 接触角及毛管压力的变化

由于岩心的亲水性随温度的升高而增大,必然导致油-水岩心表面的接触角发生相应的改变。同时，由于温度变化引起界面张力及毛管孔道尺寸的变化，比如引发毛管力的改变：

$$p_c = \frac{2\sigma\cos\theta}{r} \tag{3-21}$$

从式（3-21）可知，当温度升高时，θ减小，$\cos\theta$增大，同时由于岩石颗粒的膨胀 r 减小，虽然 σ 的变化较为复杂，但是 p_c 的最终变化可以认为是随温度升高而增大的。这表明在所做实验中，存在毛管力的影响，但在实验数据处理时忽略了毛管力的存在，这是数据处理中的一个缺陷，对这一问题需要开展进一步的研究。

第四章 疏松砂岩高凝油油藏典型渗流特征

疏松砂岩高凝油油藏作为一种典型的高凝油油藏，在注水开发时，砂岩颗粒容易从岩石剥离，从而影响渗流特征。本章从注水开发对疏松砂岩的物性影响、应力敏感和大孔道形成等方面讨论疏松砂岩高凝油油藏注水开发典型特征。

第一节 长期注水物性变化特征

疏松砂岩高凝油油藏作为典型的孔隙介质，其内部赋存流体，在漫长的地质岁月中，流体对储层产生着多重作用，由于两者处于相对静止的状态，长期的接触使得流体对储层的多重作用能够达到一种动态平衡。一旦对高凝油油藏进行注水开发，流体和储层的相对静止状态被打破，驱替开采导致流体和储层产生明显的相对运动，加速了流体对储层的影响。

一、矿物含量

黏土矿物是含水硅酸盐矿物的总称，为 $1\sim5\mu m$ 层状结构的结晶质，极少为非晶质，常常表现出片状和板状形态，少数链层状结构的黏土矿物常呈纤维状和棒状。黏土矿物除遇水具有可塑性外，多数还具有较强的吸附性和离子交换性等特点。由于它们的特殊属性，在注水开发过程中对储层的敏感性及物性影响极大，因此首先设计了黏土矿物特征演化实验。

(a)

(b)

图4-1 岩心实物

1. 试样和驱替流体

岩心取自国外某疏松砂岩高凝油油藏，该油藏埋深1000多米，岩心十分疏松，为了减小岩心在运输过程中的损坏，岩心壁面采用了铝膜包裹，岩心断面采用了纱网，如图4-1（a）所示，当开始进行实验时，小心地去掉铝膜和纱网，如图4-1（b）所示。

2. 实验仪器与实验步骤

驱替实验装置采用自行搭建的驱替平台，黏土矿物测量采用X射线衍射仪，该仪器由德国布鲁克（AXS）公司生产，型号为D8 DISCOVER。由于X衍射只需要10g左右的样品，为了使实验结果有较好的可对比性，在同一岩心上分别进行 X 衍射测试和扫描电镜测试。如图 4-2 所示；先从岩心上截取一小段岩心（厚度约 2cm），分别进行 X 衍射和扫描电镜测试，然后将岩心放入岩心夹持器中，水驱 10 个孔隙体积倍数（PV）后，再截取一段岩心，进行测试，依次类推，完成整个实验。

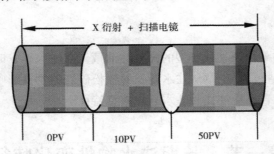

图 4-2 黏土矿物和扫描电镜测试设计示意图

3. 实验结果

将不同注入体积倍数下的测试数据统计后，列于表 4-1 中。由此可以看出，岩心注水后，黏土矿物总量呈减小趋势，随着注水量的增加，黏土矿物总量越来越小。其中，容易发生颗粒迁移的矿物（K 和 I）相对含量减小，而容易发生晶格膨胀的矿物（I/S）相对含量呈增加趋势。

表 4-1 水驱实验中黏土矿物变化测定结果

注水量/ PV	黏土矿物相对含量/%						混层比（S）/ %		黏土矿物总量/ %
	K	S	I	C	I/S	C/S	I/S	C/S	
0	94	/	1	/	5	/	45	/	12.76
10	95	/	0	/	5	/	40	/	11.56
50	91	/	0	/	9	/	58	/	8.87

注：K 为高岭石；S 为蒙皂石；I 为伊利石；C 为绿泥石；I/S 为伊/蒙混层；C/S 为绿/蒙混层。

二、微观孔隙结构

按照实验设计，扫描电镜测试在进行黏土矿物测试的同时已经同步进行，扫描电镜测试采用捷克 TESCAN 公司生产的型号为 TESCAN SEM VEGA II 型扫描电子显微镜，在测试的过程中，进行了多个放大倍数级别的图像扫描，经过对大量扫描电镜图像的综合分析，筛选出了具有典型意义的扫描电镜图片。

从图 4-3（a）可以看出，在未注水时，岩石颗粒表面布满清晰可见的黏土矿物，随着注水体积倍数的增加［图 4-3（b）］，岩石颗粒表面的黏土矿物明显的减少，当注入体积达到 50PV 时［图 4-3（c）］，可以看出，岩石表面只有很少量的黏土矿物。

高岭石在黏土矿物中含量最高，所以，对比分析了不同注入体积倍数下高岭石的演化特征，其扫面电镜结果如图4-4所示。从图4-4（a）可以看出，高岭石在没有注水时，呈现出较为完整的蠕虫状结晶集合体。从图4-4（b）可以看出，当注水10PV后，在水动力的作用下，连续的蠕虫状结晶集合体被破坏，呈现出书页状结晶集合体。从图4-4（c）可以看出，当注水50PV后，在长时间的冲刷下，书页状的结晶集合体被破坏为以零散片状为主的产状。

(a) 0 PV   (b) 10 PV   (c) 50 PV

图4-3 岩石颗粒表面黏土矿物变化状态

(a) 0 PV   (b) 10 PV   (c) 50 PV

图4-4 高岭石晶体变化状态

三、孔喉特征参数

毛管力曲线是反映孔隙结构的一种重要的定量参数，因此，进行了压汞法毛管力曲线测试。

1. 实验仪器与实验步骤

驱替实验装置采用自行搭建的驱替平台，毛管力曲线测量采用压汞仪，该仪器由美国康塔公司生产，型号为Pore Master 33GT。为了使实验更具有对比性，实验设计如图4-5所示，D2岩心先截取一断岩心柱（约3cm）进行压汞测试，作为原始数据，再将剩下的一段岩心柱（约3cm）进行水驱实验，直到水驱10PV后，进行压汞测试。D3岩心测试方法和D2岩心相同，只是第二段水驱50PV后，进行压汞测试。

2. 实验结果

表4-2统计了两块岩心在水驱前后利用压汞法测量的孔喉结构特征参数，从表中可以

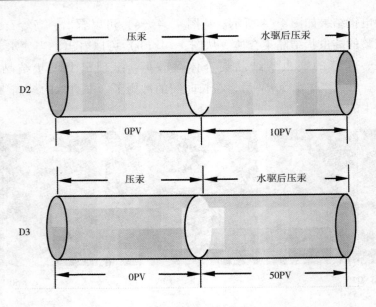

图 4-5 压汞测试设计示意图

看出，注水后，孔喉直径均值都有所增大，可见长时间水驱能够疏通喉道；排驱压力反映汞沿曲面突过孔隙喉道而连续地进入岩样时的压力，对应孔隙系统中最大连通孔隙所对应的毛管压力，实验表明，注水对排驱压力影响不明显；退汞效率能够在一定程度上反映岩心的采收率，实验表明，长期注水后，储层物性变好，采收率提高；分选系数反映孔喉大小分布的集中程度，D2 岩心表明，在注水 10PV 后，岩心的孔喉大小分布变得集中，这可能是由于小喉道的疏通和大喉道的堵塞造成的，但是 D3 岩心表明，在注水 50PV 后，岩心的孔喉大小分布集中程度下降，这可能是由于长时间的水驱，使微小颗粒发生了运移，有些喉道被疏通，有些喉道被堵塞，造成了孔喉分布集中程度的下降。

表 4-2 岩心水驱前后孔喉结构特征参数

岩 心	测试时间	孔喉直径均值/μm	排驱压力/MPa	退汞效率/%	孔隙结构系数	分选系数	均质系数	最大进汞饱和度/%
D2	注水前	4.74	0.07	24.35	0.1	16.4	0.33	36.14
	注水 10PV	7.13	0.06	26.79	0.22	25.95	0.38	47.14
D3	注水前	9.36	0.03	28.33	0.6	47.26	0.4	39.89
	注水 50PV	12.06	0.03	37.93	0.36	37.17	0.3	44.69

图 4-6 和图 4-7 分别为两块岩心的水驱前后的孔喉半径分布特征曲线。从图中可以看出，长期水驱能够减小小孔喉的分布频率，增大大孔喉的分布频率。总体而言，长期水驱能够疏通孔喉。

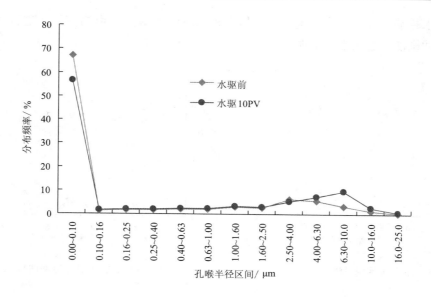

图 4-6　D2 岩心孔喉半径分布频率图

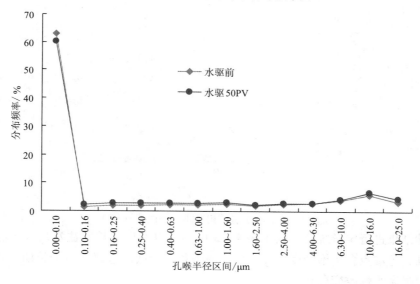

图 4-7　D3 岩心孔喉半径分布频率图

四、岩石润湿性

润湿性是储层岩石的基本特性之一，表征一种流体在另一种不相混溶流体存在时对固体的相对吸引力。储层岩石的润湿性可通过相对渗透率曲线测定。驱替实验装置采用自行搭建的驱替平台，先进行未长期水驱的相对渗透率测试，等实验结束后，将岩心洗干净，水驱 50PV 后，再进行相对渗透率测试。

3 块岩心的实验结果如图 4-8、图 4-9 和图 4-10 所示。在注入 50PV 后，油水相对渗透率曲线整体向右移动，水相曲线上升变平缓，曲线等渗点对应含水饱和度逐渐增大，交点右移，水相端点（即残余油饱和度下的水相相对渗透率值）由高变低。这种变化表明，长期注水冲刷使储层亲水性增强。

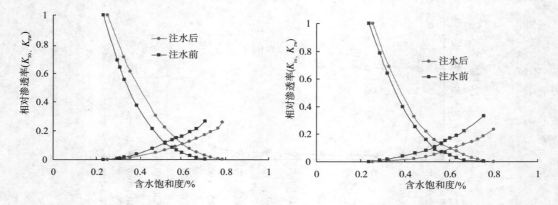

图 4-8　注水前后相对渗透率曲线（D4）　　　图 4-9　注水前后相对渗透率曲线（D5）

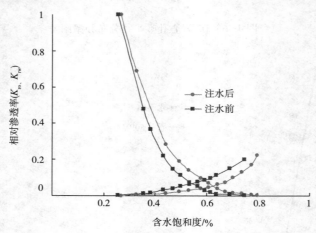

图 4-10　注水前后相对渗透率曲线（D6）

对实验结果进行定量统计，列于表 4-3 中，可以看出，长期注水后，岩心的束缚水饱和度升高，等渗点含水饱和度升高，残余油饱和度降低，这都是由于长期注水后，岩心的润湿性向强亲水性改变所致。

表 4-3　水驱前后相渗特征参数

岩　心	束缚水饱和度/%	等渗点饱和度/%	残余油饱和度/%
D4（注水前）	23.24	52.00	29.60
D4（注水后）	25.35	60.00	21.50
D5（注水前）	23.60	53.40	24.50
D5（注水后）	25.40	60.70	19.90
D6（注水前）	25.50	54.40	25.30
D6（注水后）	26.90	62.20	20.30

第二节　渗透率应力敏感实验

　　储层受上覆岩层应力，该应力一部分由岩石骨架承担，一部分由孔隙内流体承担，随着油气的开采，孔隙内流体减少，能够分担的上覆岩层应力也相应减少，岩石骨架承担的应力相应增大，从而导致储层发生弹塑性压实变形，进而降低了储层的孔隙度和渗透率，对油气田的开发产生不利影响。目前，许多学者研究了低渗透储层的渗透率和有效应力之间的关系，实验结果表明，低渗透率储层存在强应力敏感。有学者研究表明，低渗透裂缝性储层的应力敏感更为明显，主要是因为裂缝的闭合引起了渗透率的剧烈变化。煤样和页岩样应力敏感实验结果表明，煤样和页岩样的渗透率与有效应力呈指数关系变化。孙军昌等研究了不同孔隙类型火山岩储层渗透率的应力敏感问题，发现低渗透火山岩气藏也具有较强的渗透率应力敏感，并且当有效应力大于 30MPa 后岩心渗透率也处于减小状态，与低渗透沉积砂岩具有一定的区别，同时，孙军昌等也研究了在不同渗流介质下特低渗透储层的应力敏感问题，发现测试介质不同，其应力敏感程度也不同。贺玉龙等研究了存在裂隙的花岗岩的渗透率应力敏感问题，发现其很难恢复，应力滞后效应几乎趋于无穷大。对于渗透率和孔隙度都很高的疏松砂岩而言，国内外学者对此研究较少。因此，本节针对疏松砂岩进行了应力敏感性室内实验研究，发现了一些有别于低渗透储层应力敏感性的现象，并对这些现象进行了理论解释。

一、实验部分

1. 实验原理

　　实验基于达西稳定渗流公式，通过测量一定时间内岩心的流量和两端的渗透压差，再结合岩心的几何尺寸和流体的黏度等参数就可以计算岩心的渗透率，计算公式如式(4-1)所示。

$$K = \frac{q\mu L}{A\Delta p} \times 10^{-1} \tag{4-1}$$

式中　K——岩心渗透率，μm^2；

　　　q——岩心出口端的流量，mL/s；

　　　μ——黏度，$mPa \cdot s$；

　　　L——岩心长度，cm；

　　　A——岩心横截面积，cm^2；

　　　Δp——岩心两端的压差，MPa。

2. 实验材料

　　疏松砂岩岩心取自苏丹 P 油田，该油藏埋深 1000 多米，岩心主要成分为 97% 左右的石英，1% 左右的钾长石和 2% 左右的黏土矿物。实验采用的 4 块岩心基本物性见表 4-4，为了避免因黏土膨胀造成的误差，驱替流体采用模拟地层水，水型为 $NaHCO_3$。

表 4-4　岩心物性

编　号	长度/cm	直径/cm	骨架密度/（g/cm³）	孔隙度/%	渗透率/$10^{-3}\mu m^2$
SD1	5.636	2.534	2.30	27.26	1967.12
SD2	6.230	2.455	2.41	29.48	2011.74
SD3	6.240	2.489	2.39	30.02	2131.44
SD4	5.740	2.429	2.37	30.11	2268.34

3. 实验步骤

实验前，将 4 块岩心抽真空 4h，并用模拟地层水饱和 48h，确保岩心中的孔隙完全被单相水饱和，实验开始前，提前 30min 将恒温箱设置为 30℃，再将岩心放入岩心夹持器，并稳定 4h，确保整个实验环境温度达到恒定值，再通过围压泵施加围压到设定压力，用注入泵按照设定速度注入模拟地层水，当岩心出口断流量达到稳定时，记录岩心上下游压力。根据以上步骤，完成升压过程中的 9 个不同级别下的围压测试，并记录数据。然后，从升压过程中的最后一个点开始降压，同理完成降压过程中的 8 个不同级别下的围压测试。在升压和降压过程中，每操作一次压力升降，均恒压 30min 后再进行测试。

4. 实验结果

实验完成后，根据记录数据，按照式（4-1）计算渗透率，其中有效应力为实验过程中施加的围压和孔隙压力之差，计算结果如图 4-11～图 4-14 所示。可以看出，在升压过程中，渗透率逐渐减小，但是压力降低时，渗透率没有明显恢复，这和低渗透储层有明显的不同。

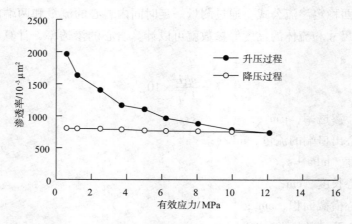

图 4-11　渗透率应力敏感曲线（SD1）

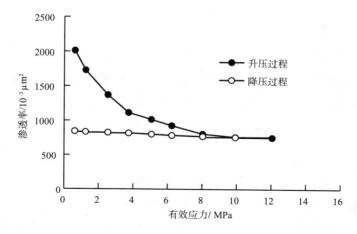

图 4-12　渗透率应力敏感曲线（SD2）

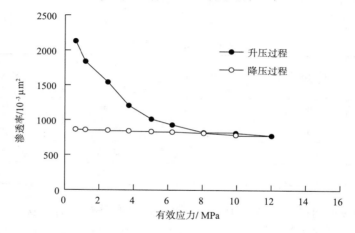

图 4-13　渗透率应力敏感曲线（SD3）

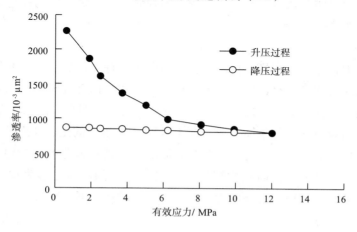

图 4-14　渗透率应力敏感曲线（SD4）

二、实验结果分析

1. 渗透率损害率评价

为了研究疏松砂岩在有效应力增大时，岩心渗透率的降低程度，通过渗透率损害率计算公式对 4 块岩心进行分析，其渗透率损害率计算公式为：

$$D_{max} = \frac{K_1 - K_{min}}{K_1} \times 100 \qquad (4-2)$$

式中 D_{max}——岩心最大渗透率损害率，%；

K_1——第一个有效应力点所测的渗透率，$10^{-3}\mu m^2$；

K_{min}——最大有效应力点所测的渗透率，$10^{-3}\mu m^2$。

经过计算，当有效应力达到 12MPa 时，4 块岩心的渗透率损害率计算结果如表 4-5 所示，从表 4-5 中可以看出，渗透率损害率范围为 62.45% ~ 64.89%，均值为 63.35%，损害程度属于中等偏强。

表 4-5　渗透率损害率

岩心编号	$K_1/10^{-3}\mu m^2$	$K_{min}/10^{-3}\mu m^2$	$D_{max}/\%$	渗透率损害程度
SD1	1967.12	737.81	62.49	中等偏强
SD2	2011.74	755.35	62.45	中等偏强
SD3	2131.44	776.78	63.56	中等偏强
SD4	2268.34	796.31	64.89	中等偏强

当有效应力减小到最小有效应力时，4 块岩心的渗透率分别恢复了 3.53%、4.38%、4.06% 和 3.13%，均值为 3.87%，渗透率恢复率极低。因此可知，对于疏松砂岩而言，在开发过程中，应该注意及时补充地层能量，因为储层一旦发生应力敏感之后，再补充地层能量时，储层渗透率很难恢复。

2. 机理分析

双重有效应力原理可以解释疏松砂岩应力敏感这一特殊现象，多孔介质的有效应力可以分为本体有效应力和结构有效应力。本体有效应力和结构有效应力可以导致两种不同形式的变形，分别是本体变形和结构变形，用图 4-15 表示。图 4-15（a）表示的是岩石骨架颗粒本体变形而导致介质的整体变形，图 4-15（b）表示的是骨架颗粒之间的相对位移而导致介质的结构变形。一般情况下，多孔介质的变形是本体变形和结构变形的总和。其中，本体变形是可以恢复的，而结构变形是不可以恢复的。疏松砂岩受压后，恢复率极低，甚至不能恢复，主要原因就是因为发生了严重的结构变形。

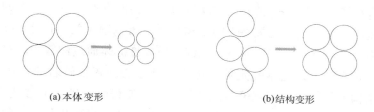

(a)本体变形   (b)结构变形

图4-15 两种变形示意图

为了直观证明疏松砂岩应力敏感产生的机理，选取了1块岩心（该岩心和实验所选用的4块岩心为同一层位）进行了扫描电镜（SEM）测试，SEM测试结果如图4-16所示，从图4-16（a）可以看出，岩石孔隙以粒间孔为主，且大小岩石颗粒混杂，小颗粒极易发生运移，堵塞喉道，引起渗透率降低，而且颗粒之间接触方式多位线接触和点接触，这两种接触方式的颗粒之间内聚力小，摩擦力小，导致岩石强度小，容易发生变形破坏。图4-16（b）表示孔径范围高达100~300μm，喉径达10~50μm，并且岩石颗粒间只有少量的胶结物和支撑物，受到压力效应时，孔喉容易闭合，导致渗透率大幅度降低。通过分析可知，疏松砂岩容易产生较大的结构变形，并且结构变形是不能恢复的，所以疏松砂岩才呈现出这种典型的弱恢复特征。

（a）   （b）

图4-16 岩心扫描电镜

第三节 注水开发渗透率变化规律

水驱疏松砂岩渗流行为是非线性的，整个渗流行为是随着时间的推移而发展变化的，不同的时间会呈现出不同的渗流行为特征，因此需要从细观角度，从动态演化角度分析整个渗流行为，才能深入地认识和理解水驱疏松砂岩渗流机理。

一、水驱疏松砂岩多重非线性渗流

1856年，法国水利工程师达西（Darcy）通过实验总结出了流体在多孔介质中流动的一般性规律，提出了著名的达西公式，对渗流力学学科的发展产生了巨大的影响。流体在多孔介质中渗流时，达西公式是最基本的本构关系，可以表示为：$V = -KJ$，式中 K 称为渗透率。渗透率用来表征在一定压差下，孔隙介质允许流体通过的能力，对于不发生变化的孔隙介质和流体而言，K 通常是定值，称为线性渗流。疏松砂岩油藏在注水开发过程中，砂岩细观结构容易改变，造成了渗流的复杂性，使得疏松砂岩的渗透率不再是常数，而偏离了线性渗流，属于非线性渗流，为了深入理解水驱疏松砂岩的渗流机理，现将几种主要和突出的非线性因素归结如下：

（1）流体性质的非线性变化。水驱疏松砂岩时，砂岩颗粒的剥离、起动和运移使得单相的水相流体变成了固液两相，并且固液两相流中的固液含量随着时间也呈现出非线性变化的特征，对两相流体的黏度而言，砂岩颗粒和水相的相对运动速度也会导致黏度的非线性变化。

（2）渗流空间的非线性变化。水驱疏松砂岩时，由于水对砂岩颗粒的搬运作用，导致了渗流空间的瞬态变化，这种渗流空间的瞬态变化，使水相和砂岩的连续性都遭受到了破坏，当砂岩颗粒起动后，砂岩的孔隙度增大，渗流空间对应地增加，随着砂岩颗粒从地层中非均匀流出，渗流空间出现非线性变化。

（3）渗透率的非线性变化。描述渗流特征的一个关键参数就是渗透率，由于渗流空间的非线性变化，导致砂岩内部的微观孔隙结构发生了变化，微观孔隙结构特征直接决定砂岩的渗透率，也就是说在水驱过程中，砂岩的渗透率并非呈现出一个常数，而是动态变化的，这种变化会随着渗流空间非线性的增强而增强，随着渗流空间非线性的减弱而减弱。

（4）本构关系的非线性变化。疏松砂岩本身孔隙度大，渗透率高，随着砂岩颗粒的流失，孔隙通道进一步增大，形成高渗流通道，流体流动速度增大，当雷诺数达到一定程度时，惯性力不能忽略，不再满足线性渗流理论中层流的要求，砂岩颗粒瞬间的启动和骤停，也加剧了紊流的形成。

在水驱疏松砂岩过程中，一般同时存在着上述四种非线性变化，并且这四种非线性因素之间还存在着耦合作用，导致水驱疏松砂岩渗流机理异常复杂。

二、实验部分

1. 岩样及驱替流体

实验使用的岩心采用国外某油田岩心，孔隙度为 28.51%，气测渗透率为 $2182.3 \times 10^{-3} \mu m^2$，直径为 2.50cm，长度为 6.562cm，干重为 54.59g，实验岩心十分疏松，四周都包有筛布，在进行实验时，将两端的筛布取掉，以防止阻挡砂岩颗粒的顺利流出，驱替流体采用按照油田实际地层中的离子浓度配制的模拟地层水。

2. 实验平台

结合国内外有关出砂实验的装置，搭建了适合小尺寸岩心出砂的模拟实验平台，该实验平台可以连续记录压力数据，实验装置流程如图 4-17 所示。图 4-17 中包含了几个主要仪器：①高压不锈钢容器用来储存和输出模拟地层水；②压力采集系统用来实时记录压力数据；③定压/定流系统用来定压和定流驱替；④注入泵用来驱动驱替流体；⑤岩心夹持器用来给岩心提供压力以模拟地层压力环境；⑥围压泵用来给岩心夹持器中提供压力环境；⑦砂滤器和流量使用滤纸和试管，滤纸用来过滤砂子。

3. 实验步骤

将搭建的实验平台按照图4-17连接，先在注入端接入氮气瓶，用1MPa的压力向整个管线注入氮气，并在各个管线接头处用皂泡法检测是否连接好，再将配制好的地层水装入高压容器中，将岩心放入岩心夹持器，平缓增加围压至3MPa，开启在低速下测量无速敏时的渗透率，再将流速调至3cm³/min，记录压力变化。

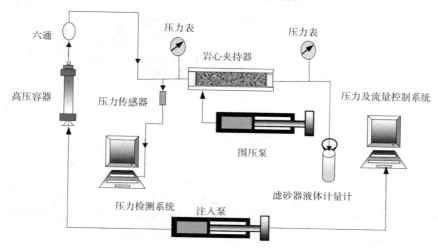

图4-17　小岩心出砂实验装置流程

三、几个新定义

在进行实验数据分析之前，需要定义几个新概念，以帮助从定量化角度分析水驱疏松砂岩过程中的演化行为。

1. 瞬态渗透率

经典达西公式表明，对于同一孔隙介质，其渗透率是一固定值，在水驱疏松砂岩实验中，由于存在多重非线性因素，岩心的渗透率是动态变化的，为了表征岩心渗透率的动态变化特征，提出了瞬态渗透率的概念，瞬态渗透率 $K(t)$ 可表示为式（4-3）。

$$K(t) = \frac{Q\mu L}{A\Delta P(t)} \qquad (4-3)$$

式中　Q——流量；

　　　μ——黏度；

　　　L——岩心长度；

　　　A——岩心横截面积；

$\Delta P(t)$——t 时刻流体通过岩心两端的压力差。

为了帮助理解这个新概念，本书中绘制了一个瞬态渗透率的示意图，如图4-18所示。

初始时刻（t_0），没有出砂，渗透率是一个定值（K）。由于出砂后，渗透率将会改变，改变后的渗透率表示为 $K(t_i)$。随着注水的进行，渗透率连续性发生变化。为了描述这种连续性的变化，提出了该新概念，瞬态渗透率具有时间依存性。

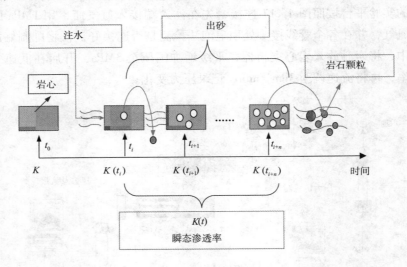

图4-18 瞬态渗透率示意图

在本书的实验过程中，数据是自动记录的，并且时间间隔是可以自动调节的。假设时刻 t_i 记录了 n 个数据，那么瞬态渗透率可以由式（4-4）得到：

$$K(t) = \frac{1}{n}\sum_{i=1}^{n}\frac{Q\mu L}{A\Delta P(t_i)} \tag{4-4}$$

选取实验过程中一段时间瞬态渗透率数据绘制曲线（图4-19）。

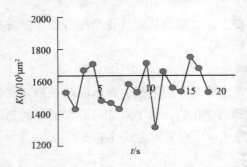

图4-19 瞬态渗透率随时间变化曲线

从图4-19中可以看出，瞬态渗透率 $K(t)$ 在无速敏时水测渗透率（$1638.25 \times 10^{-3}\ \mu m^2$）上下波动，为了表征瞬态渗透率和无速敏水测渗透率的大小关系，作如下定义，无速敏水测渗透率称为中值渗透率，用 K_m 表示，当 $K(t)$ 大于 K_m 时，此刻的 $K(t)$ 称为瞬态疏通渗透率，用 K_d 表示；当 $K(t)$ 小于 K_m 时，此刻的 $K(t)$ 称为瞬态堵塞渗透率，用 K_b 表示。K_m、K_d 和 K_b 所表示的物理意义可直观地用概念模型表示如下（图4-20），显然图中所示只具有统计意义，一般情况下，从细观角度来看，岩心中砂岩颗粒对喉道的堵塞和疏通都同时存在，计算出来的渗透率数值只代表宏观统计意义上岩心在某一时刻是以堵塞为主，还是以疏通为主。

2. 相对占优判别式和相对占优指数

在渗流行为的动态演化过程中，砂岩颗粒对孔喉的堵塞和疏通基本都是同时存在的，

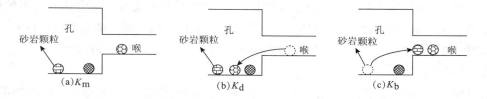

图 4-20 三种渗透率特征的概念模型

但是在特定的一段时间内，往往会以一种情况占优，为了判断在特定时间内是以堵塞为主，还是以疏通为主，定义了相对疏通占优判别式［式（4-5）］，可据此进行判断，并且还定义了相对疏通占优指数［式（4-6）］，用以定量表征相对疏通程度的大小。

$$
\begin{cases}
\dfrac{K_{dmax} - K_m}{K_m - K_{bmin}} > 1 \\[2mm]
\dfrac{N}{M} > 1
\end{cases}
\tag{4-5}
$$

$$
I_{rd} = \frac{K_{dmax} - K_m}{K_m - K_{bmin}} + \frac{N}{M}
\tag{4-6}
$$

式中　K_{dmax}——该时间段内瞬态疏通渗透率最大值；

　　　K_{bmin}——该时间段内瞬态堵塞渗透率最小值；

　　　N——该时间段内瞬态疏通渗透率统计个数；

　　　M——该时间段内瞬态堵塞渗透率统计个数；

　　　I_{rd}——相对疏通占优指数。

同理，相对堵塞占优判别式如式（4-7）所示和相对堵塞占优指数如式（4-8）所示。

$$
\begin{cases}
\dfrac{K_m - K_{bmin}}{K_{dmax} - K_m} > 1 \\[2mm]
\dfrac{M}{N} > 1
\end{cases}
\tag{4-7}
$$

$$
I_{rd} = \frac{K_m - K_{bmin}}{K_{dmax} - K_m} + \frac{M}{N}
\tag{4-8}
$$

式中　I_{rb}——相对堵塞占优指数。

其他物理量意义同前。

计算结果既不符合判别式（4-6），也不满足判别式（4-8），则称之为该段时间内无明显占优。SY/T 5358—2010 用速敏损害率表征岩石因微粒运移堵塞喉道，导致渗透率发生变化程度大小的量度，速敏损害率在计算的过程中，运用原始渗透率和损害渗透率差别的绝对值。大量实验研究表明，水驱疏松砂岩有时表现出渗透率升高，有时表现出渗透率降低，有时整个冲刷过程渗透率既有升高又有降低，速敏损害率就不能够表征和区分这种复杂性，也不能表征动态演化过程，具有明显的局限性。提出的相对占优判别式能够明确区别在特定时间段内，水驱砂岩颗粒运移是以疏通为主，还是以堵塞为主，而实际上，同一时刻，砂岩中颗粒的运移既有堵塞喉道，降低渗透率，又有疏通喉道，升高渗透率，提出的相对占优指数概念能够定量表征某一时间段内，砂岩颗粒的运移堵塞和疏通喉道的程度。相对占优判别式和相对占优指数均具有统计学意义，表征一段时间内堵塞和疏通特征，在矿场开发中，具有明确的实践意义，可作为注水开发疏松砂岩油藏阶段性评价参数。

3. 自稳指数

随着驱替时间的延长，在该流速下，能够剥落的砂岩颗粒也越来越少，岩心内部岩石颗粒的运移和起动也逐渐趋于动态平衡，从细观角度来看，岩心的微观孔隙结构稳定性越来越强，受水冲刷的影响越来越弱，自稳度越来越高，为了表征岩心孔隙结构的这种稳定性，定义了某一段时间内岩心的自稳指数 I_r [式（4-9）]。自稳指数的大小能够反映疏松砂岩克服水动力冲刷破坏其内部结构，保持自身形态的能力。

$$I_r = \frac{K_a}{K_{max} - K_{min}} \tag{4-9}$$

式中 K_{max}——该时间段内渗透率最大值；

      K_{min}——该时间段内渗透率最小值；

      K_a——该时间段内渗透率平均值；

      I_r——自稳指数。

四、实验结果分析

对整个驱替过程的数据进行了综合分析和总结，筛选出了6个明显特征段，这6个特征时间段能够基本描述整个水驱砂岩的细观动态演化过程，由于记录数据十分密集，为了能够代表特征且计算方便，均选取了30s的数据。

（1）从图4-21可以看出，该阶段为注水初始阶段，注水对储层岩石的作用主要以物理作用为主，岩心中以满足起动条件的松散砂起动、运移为主，起动的松散砂岩颗粒在运移的过程中由于在孔喉处以卡堵、架桥或者吸附方式停下来，黏土矿物和蒙脱石等遇水膨胀也会堵塞孔喉，综合表现为堵塞占优。

（2）从图4-22可以看出，注水一段时间后，骨架砂由于溶蚀、剪切和拉伸等作用从骨架上剥落，剥落的砂岩颗粒加剧了孔喉处的堵塞，导致瞬态堵塞渗透率变大，同时也有少部分的细小颗粒流出，表现为瞬态疏通渗透率也有小幅度增大。

（3）从图4-23可以看出，继续注水，由于小颗粒的运移和流出，进一步增大了孔喉半径，大量的砂岩颗粒开始流出岩心，瞬态疏通渗透率和前一阶段相比增加明显，骨架上能够剥落的砂岩颗粒越来越少，瞬态堵塞渗透率和前一阶段相比数值越来越大，综合表现为疏通占优。

（4）从图4-24可以看出，当注水孔隙体积倍数继续增大到一定程度时，砂岩颗粒的累计流失引起渗透率的增加，已经导致岩心渗透率完全超过了中值渗透率 K_m，孔喉堵塞引起的渗透率引起的渗透率下降已经不能使渗透率小于 K_m。

（5）从图4-25可以看出，经过长时间的注水冲刷后，能够剥落和运移的砂岩颗粒越来越少，孔喉的堵塞概率也越来越小，岩心的自稳性越来越好。

（6）从图4-26可以看出，岩心中的松散砂岩颗粒能够流出岩心的基本都已经流失，剩下了少部分不能流失的，也达到了动态平衡，岩心内部细观结构已经基本稳定，受水流冲刷的影响变弱，岩心自身的稳定性增强，渗透率在一定值附近小幅度波动。

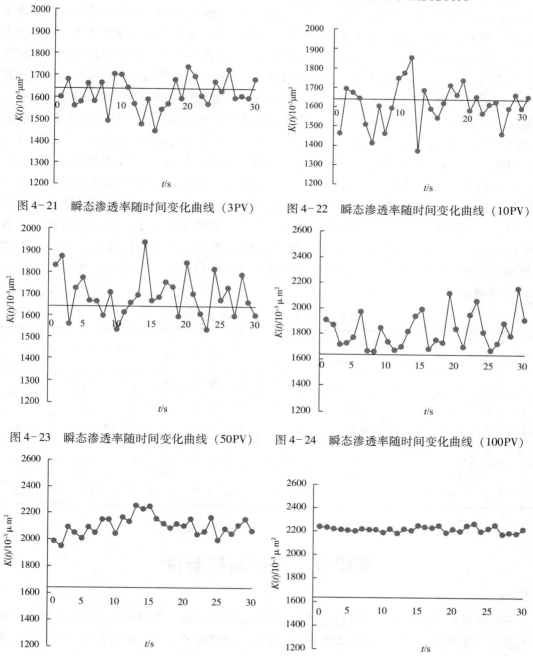

图4-21　瞬态渗透率随时间变化曲线（3PV）　　图4-22　瞬态渗透率随时间变化曲线（10PV）

图4-23　瞬态渗透率随时间变化曲线（50PV）　　图4-24　瞬态渗透率随时间变化曲线（100PV）

图4-25　瞬态渗透率随时间变化曲线（150PV）　　图4-26　瞬态渗透率随时间变化曲线（300PV）

对上面 6 个特征段进行数据分析，评价参数统计结果见表 4－6。第 1 列表示的是 6 个特征段的序号。第 2 列中的 M 表示的是堵塞渗透率的个数，随着注水的进行，堵塞渗透率的个数越来越少，这表明渗透率逐渐增加。当达到第 4 个阶段时，堵塞渗透率的个数变成了 0，这表明孔隙度剧烈增大，堵塞渗透率不再发生。第 3 列中的 N 表示的是疏通渗透率的个数。随着注水的进行，疏通渗透率的个数越来越多，表明渗透率逐渐增大。第 4 列中 K_{dmax} 表示的是最大疏通渗透率，随着注水的进行，每个阶段的最大疏通渗透率都在逐渐增加。第 5 列 K_{bmin} 是最小堵塞渗透率，因为堵塞具有随机性，所以每个阶段的最小堵塞渗透率没有明显的规律。第 6 列 K_a 表示的是平均渗透率，随着注水的进行，越来越多的砂粒流出地层，因此平均渗透率逐渐增大。第 7 列和第 8 列表示的是最大渗透率和最小渗透率，随着注水的进行，都呈现出逐渐变化的趋势。第 9 列 I_{rd} 表示的是相对疏通占优指数，从表中可以看出，第 1 个阶段和第 2 个阶段主要以堵塞为主。第 3 个阶段主要以疏通为主，这是由于砂岩颗粒的流出引起的。随着注水的进行，岩心的渗透率越来越大，从第 4 个阶段开始，岩心主要呈现出完全的疏通状态。第 10 列 I_{rb} 表示的是相对堵塞占优指数，从表中可以看出，第 1 个阶段和第 2 个阶段主要以堵塞为主。在初始阶段，没有明显的砂粒流出。第 11 列 I_r 表示的是稳定指数，随着砂岩颗粒的流出，岩心中能够流出地层的砂岩颗粒越来越少，岩心越来越稳定。换句话说，随着注水的进行，岩心的稳定性越来越高。

表 4－6　6 个阶段评价参数统计表

阶 段	M	N	$K_{dmax}/$ $10^{-3}\mu m^2$	$K_{bmin}/$ $10^{-3}\mu m^2$	$K_a/$ $10^{-3}\mu m^2$	$K_{max}/$ $10^{-3}\mu m^2$	$K_{min}/$ $10^{-3}\mu m^2$	I_{rd}	I_{rb}	I_r
1	18	12	1740.34	1444.12	1613.70	1740.34	1444.12		3.40	5.45
2	17	13	1853.76	1371.11	1611.67	1853.76	1371.11		2.33	3.34
3	9	21	1937.23	1530.78	1691.20	1937.23	1530.78	5.10		4.16
4	0	30	2119.38		1824.73	2119.31	1660.00	∞		3.98
5	0	30	2257.77		2100.57	2257.77	1949.67	∞		6.82
6	0	30	2268.87		2216.23	2268.87	2175.55	∞		23.83

第四节　出砂临界条件

疏松砂岩在注水过程中，容易造成地层微粒运移及出砂，进而形成大孔道，造成注水沿大孔道快速窜到生产井，油井含水率快速上升，对油藏开发产生不利影响，因此本章进行了大孔道演化实验的研究。

一、出砂约束条件

1. 力学约束条件

砂岩地层出砂的主要力学破坏机理为剪切破坏和拉伸破坏，由于疏松砂岩内聚力小，抗剪切强度较低，当砂岩所受的应力超过其剪切强度时就发生剪切破坏或者屈服，岩石颗粒逐层剥离孔壁，产出固相。在流体流动时，沿程会与地层颗粒产生摩擦，摩擦力施加在岩石颗粒表面形成拖拽力，当拖拽力超过岩石的抗拉强度时，就会发生岩石破裂。一般来说，这两种破坏是同时起作用的，相互影响的，地层剪切破坏表现为大量出砂，而拉伸破坏是缓慢出砂，具有"自稳定性"效应。

为了深刻理解砂岩出砂的力学特征，现从颗粒细观角度分析砂岩颗粒的受力，砂岩颗粒在地层中的受力分析如图4-27所示。

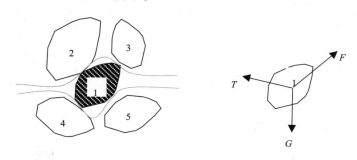

图4-27　砂岩颗粒受力示意图

F—流体对颗粒的作用力；T—周围颗粒的作用力；G—重力

其中，F包括浮力、流体黏滞效应引起的摩擦力等，T包括颗粒间的摩擦力，以及由于颗粒表面电荷产生的范德华力及内聚力等。因此，在研究砂岩颗粒的运移时，在细观颗粒尺度上运用牛顿第二定律对所有受力进行分析可得：

$$\overline{G}_i + \sum_{j=1}^{n-1} \overline{T}_{ij}\ \overline{T}_i = m_i\ \overline{a}_i \tag{4-10}$$

式中　i——分析受力的颗粒代号；

　　　j——与分析颗粒接触的颗粒代号；

　　　n——接触颗粒的个数；

　　　m——颗粒的质量；

　　　a——加速度。

加速度是颗粒受力后运动规律的体现，由加速度可以求得颗粒的速度、位移等参数，也可以根据动量定理及能量守恒定理求得和其他颗粒的碰撞运动趋势，从而得到下一时刻该颗粒的受力情况及运动轨迹。因此，从颗粒尺度分析砂岩颗粒受力情况是十分必要且重要的。

2. 几何约束条件

力仅仅是砂岩颗粒运移与否的必要条件之一，而实际上砂岩能否运移到井底，还要受到砂岩颗粒所处的环境影响，而这个环境就是砂岩颗粒所处的复杂多孔介质。为了便于形象地表征地层环境对砂岩颗粒运移的影响，采用几何概念和几何图形来直观表征地层环境对出砂的影响。

（1）岩石颗粒所受应力达到破裂准则，岩石颗粒将从岩石骨架上剥落并进入流动的流体当中，从图4-28可以看出，只有在孔隙梯度 grad（φ）方向上的驱动力才能引起颗粒的剥落和流动，力 f 在其他方向上的分量只能使得颗粒压缩或者膨胀甚至破碎，但是如果在该方向上没有孔隙梯度的话，脱落破碎的砂岩颗粒也无法进入流体流动。由此可见，地层的孔隙梯度 grad（φ）在压力梯度 grad（p）分量上是否存在是影响砂岩颗粒能否"流动"的一个几何约束条件。

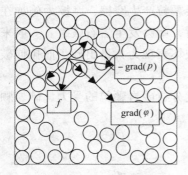

图4-28　砂岩颗粒流动模型

（2）剥落的砂岩颗粒必须能够通过狭小的喉道，其孔喉模型如图4-29所示，砂粒的直径 d_1 和喉道直径 d_2 必须满足 $d_1 < d_2$。图4-29是简化的理想模型，实际上喉道和砂岩颗粒都是不规则的三维物体，因此实际砂岩颗粒直径应小于孔喉直径，这是决定砂岩颗粒能否"流过"狭小喉道的另一个几何约束条件。

（3）剥落的砂岩颗粒在流体的携带作用下能够从地层流出，其整个孔隙空间必须连通，运移模型如图4-30所示，颗粒1运移通道连通，颗粒可以流出井底，形成出砂，而颗粒2流动通道不连通，颗粒只能在孔隙的一定范围内移动，甚至可能堵塞孔隙，阻止其他颗粒移动。由此可知，孔隙空间的连通性是决定砂岩颗粒能否最终"流出"地层的又一个几何约束条件。

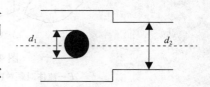

图4-29　砂岩颗粒流过模型

一般情况下，砂岩出砂需要同时满足上述三个几何约束条件，而通常情况下这三个几何条件是相互关联的，同时上文描述的砂岩颗粒模型只是表征了某一时刻某一特定砂岩颗粒流出井底必备的几何条件，然而实际地层中岩石颗粒和流体的相互耦合作用十分复杂，砂岩颗粒处在释放-悬浮-捕获的动态过程中，因此地层岩石的几何分布也是动态变化的，而某一特定砂岩颗粒能否满足流出井底的几何条件也是动态变化的。

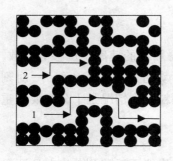

图4-30　砂岩颗粒流出模型

综上所述，地层出砂不但要满足一定的力学约束条件，使得砂岩颗粒从岩石骨架上剥落且具有一定的运移能量，还必须满足一定的几何条件，使得砂岩颗粒具有一定的运移空间。

二、骨架砂出砂临界条件

砂岩中有胶结砂和未胶结砂，本节主要针对胶结砂出砂问题，建立了出砂临界计算公式。

1. 模型建立

疏松砂岩颗粒在地层中运移的孔隙空间是十分复杂的，为了便于研究，将地层用毛管束模型表示，通过研究流体和砂岩颗粒在毛管中的流动规律，将流体水力学特征和岩石固体力学特征结合起来，用来确定临界流速。

将油层中的颗粒孔隙近似为半径为 r_0 的毛管，流体在地层中的流动模型如图 4-31 所示。

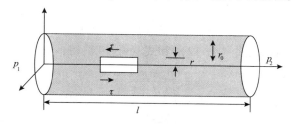

图 4-31 毛管中流体流动示意图

假设毛管中的流动为不可压缩定常流动，由层流基本方程可得：

$$\tau = \mu \frac{\mathrm{d}u}{\mathrm{d}r} = \frac{p_2 - p_1}{2l} r \tag{4-11}$$

式中 τ——水流侧表面的剪切应力；

μ——动力黏度系数；

u——速度；

r——轴向距离；

p_1、p_2——毛管两端压力；

l——毛管长度。

从式（4-11）中可以得出，最大剪切应力为管壁处（$r = r_0$），因此最大剪切应力可以表示为：

$$\tau_{\max} = \frac{p_2 - p_1}{2l} r_0 \tag{4-12}$$

由牛顿内摩擦定律和毛管边界条件综合可求得毛管内平均流速为：

$$V = \frac{p_2 - p_1}{8\mu l} r_0{}^2 \tag{4-13}$$

在油藏实际计算中，常用的不是孔隙的真实平均速度 V，而是其表观平均速度 v，两者之间的关系为：

$$v = \varphi V = \frac{(p_2 - p_1)\ \varphi}{8\mu l} r_0{}^2 \tag{4-14}$$

由 Darcy 和 Hagen - Poiseuille 定律可以知道毛管半径 r_0 可以表示为：

$$r_0 = \sqrt{8K\zeta / \varphi} \tag{4-15}$$

式中 ζ——迂曲度；

K——渗透率；

φ——孔隙度。

由 Carmen – Kozeny 方程可得渗透率 K 的表达式：

$$K = \frac{1}{72\zeta} \frac{\phi^3 d_p^2}{(1-\varphi)^2} \qquad (4-16)$$

式中 d_p——岩石颗粒的直径。

将式（4-16）代入式（4-15）可得孔隙半径 r_0 的表达式为：

$$r_0 = \frac{\varphi d_p}{3 (1-\varphi)} \qquad (4-17)$$

将式（4-17）分别代入式（4-12）和式（4-14）得：

$$v = \frac{(p_2 - p_1)}{72\mu l} \frac{\varphi^3 d_p^2}{(1-\varphi)^2} \qquad (4-18)$$

$$\tau_{max} = \frac{(p_2 - p_1)}{6l} \frac{\varphi d_p}{(1-\varphi)} \qquad (4-19)$$

将式（4-18）代入式（4-19）得到毛管中最大剪切应力和平均流速的关系为：

$$\tau_1 = \tau_{max} = \frac{12\mu (1-\varphi)}{\varphi^2 d_p} v \qquad (4-20)$$

由于疏松砂岩的岩石颗粒粒径通常都大于 10^{-5} m，因此根据文献可以知道临界剪切力主要取决于内摩擦力，因此就本节的研究对象而言，可以应用文献中的临界剪切力表达式：

$$\tau_{cr} = \frac{2 (\gamma_s - \gamma_w) d_p \tan\theta}{3\alpha} \qquad (4-21)$$

式中 γ_s——砂粒的容重；

γ_w——流体的容重；

θ——岩石颗粒的摩擦角；

α——地层流体作用于岩石颗粒上的有效摩擦面积与最大截面积（$\pi d_p^2 / 4$）之比。

当地层流体对砂岩颗产生的剪切应力 τ_1 大于砂岩颗粒破坏的临界剪应力 τ_{cr} 时，砂岩颗粒将从母体分离，并被水流带走。比较式（4-20）和式（4-21）得：

$$\frac{12\mu (1-\varphi)}{\varphi^2 d_p} v \geq \frac{2 (\gamma_s - \gamma_w) d_p \tan\theta}{3\alpha} \qquad (4-22)$$

于是，就得到疏松砂岩临界流速表达式：

$$v_{cr} = \frac{(\gamma_s - \gamma_w) d_p^2 \tan\theta \varphi^2}{18\alpha\mu (1-\varphi)} \qquad (4-23)$$

2. 模型应用

为了明确不同参数对临界流速的影响程度，以及和室内实验的定性结果相比较，对式（4-23）进行敏感性分析，其中 $\gamma_s = 20 \text{kN/m}^3$，$\gamma_w = 9 \text{kN/m}^3$，$\alpha = 0.5$。

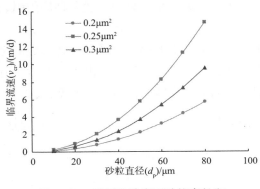

图 4-32　不同孔隙度下砂粒直径和
临界流速关系曲线（$\mu = 1 \times 10^{-6}$kPa·s，$\theta = 10°$）

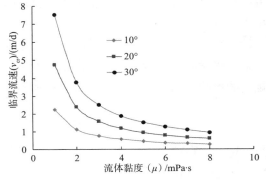

图 4-33　不同摩擦角下流体黏度和
临界流速关系曲线（$d_p = 20 \times 10^{-6}$m，$\varphi = 0.2$）

由图 4-32 和图 4-33 可以看出：d_p 越大，临界流速越大，这是因为砂粒颗粒大，自身惯性大，所以和小颗粒相比更加不易启动；φ 越大，临界流速越大，这是因为当 φ 增大时，地层中的孔道变大、变多，在表观速度相同时，流体的真实速度变小，因此水动力作用减小，所以砂粒不容易启动；μ 越大，水动力越强，因此随着黏度的增大，临界流速减小；θ 越大，岩石砂粒之间的摩擦力越大，需要克服的阻力越大，因此水动力须增大。

出砂临界条件实验研究中的，实验数据见表 4-7。

表 4-7　砂岩出砂实验结果

岩心号	空气渗透率/10^{-3} μm^2	孔隙度/%	临界出砂速度/（m/d）
C1	1009	33.42	2.935
C2	357	28.84	1.761
C3	548	29.63	1.467

疏松砂岩颗粒指标取同一套参数为：$\gamma_s = 26.46$kN/m^3，$\gamma_w = 9.8$kN/m^3，$d_p = 20 \times 10^{-6}$m，$\mu = 1.01 \times 10^{-6}$kPa·s，设 $\alpha = 0.5$，$\theta = 15°$，计算结果见表 4-8。综上所述，计算的 3 块岩心平均相对误差为 15.9%，与实验结果接近，其中 C3 岩心计算误差较大，误差可能来源于砂岩颗粒指标为同一套参数计算。

表 4-8　模型计算与实验结果对比

岩心号	实验结果/（m/d）	计算结果/（m/d）	相对误差/%	平均误差/%
C1	2.935	2.83	3.5	
C2	1.761	1.94	10.1	15.9
C3	1.467	1.98	34.9	

三、松散砂出砂临界条件

1. 模型建立

填充砂包括孔隙空间原始未胶结的松散砂，也包括受力破坏后产生的自由砂和由于化学溶蚀作用剥落的砂粒，本书中提出和讨论的填充砂毛管束模型能全面描述各种原因引起的出砂问题。

砂岩颗粒在油层中运移的孔隙空间十分复杂，为了从理论上表征出砂运移各参数的定量关系，将含有填充砂的砂岩油层用毛管束模型表示，如图 4-34 所示。由于填充砂具有不规则的形状，为了方便计算，将不规则的砂岩颗粒用等体积球体几何当量半径表示：

$$a = \frac{\sqrt[3]{6V_P/\pi}}{2} \approx 0.62 \sqrt[3]{V_P} \tag{4-24}$$

式中　V_P——颗粒的体积；

　　　a——砂粒半径。

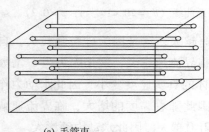 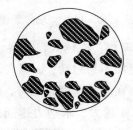 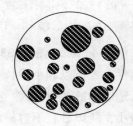

(a) 毛管束　　　　　　　(b) 含填充砂毛管束截面　　　　(c) 含填充砂毛管束体积当量截面

图 4-34　含填充砂毛管束模型

由 Darcy 和 Hagen – Poiseuille 定律可将 r_0 表示为：

$$r_0 = 2\zeta \sqrt{2k/\varphi} \tag{4-25}$$

式中　ζ——迂曲度；

　　　k——渗透率；

　　　φ——孔隙度。

毛管束半径 r_0 有可能小于填充砂的尺寸，这就表明不是所有的填充砂都有可能流出。我们可以做这样的定义，将砂岩中能够流出的填充砂称为可动砂粒，将不能流出的填充砂称为阻塞砂粒，阻塞砂粒只能在一定的范围内移动。设所有可动砂粒的密度都相同，且可动砂粒在骨架孔隙中均匀分布，并设可动砂粒占骨架的体积比为 S，将可动砂粒从细到粗分为 M 个粒组，记第 i 个粒组的半径为 a_i，含量为 S_i，则 S 和 S_i 的关系可以表示为：

$$S = \sum_{i=1}^{M} S_i \tag{4-26}$$

单位体积骨架孔隙中的颗粒数为 N_i，则

$$N_i = \frac{3}{4\pi a_i^3} T_i \tag{4-27}$$

式中，T_i 为第 i 粒组占骨架孔隙的体积含量，可表示为：

$$T_i = \frac{S_i}{\dfrac{\varphi}{1-\varphi} + S} \tag{4-28}$$

（1）单砂粒受力分析。

考虑水平方向上的渗流，并假设骨架孔隙中流体为单相，且与可动砂粒组成的混合物为稀薄系统，即忽略可动砂粒之间的相互作用力。为了分析砂粒受力，作如下假设：①流型为牛顿流体，流态为层流；②认为砂岩起动后，将随着流体流出油层；③不规则可动砂粒用体积当量球体描述；④砂粒受到的流体拖拽力用圆球低雷诺数绕流阻力公式描述。

由于研究的流速和物体尺度较小，用 Stokes 流描述流动现象，可得砂粒受到的总拖拽力 F_r 为：

$$F_r = 6\pi\mu\alpha_i v_m \tag{4-29}$$

式中，α_i 为砂粒半径；μ 为砂粒 – 流体系统的表观黏滞系数，可用 Einstein 公式 $\mu = \mu_0 (1 + 2.5s)$ 计算，其中 μ_0 为流体的黏度，s 为稀薄系统中砂粒的体积含量；v_m 用流体在圆管流动时断面的平均流速近似表示。

单颗砂粒在半径为 r_0 的毛细管模型中的受力分析如图 4-35 所示。

要使第一个颗粒运移，考虑受力平衡可得：

$$F_r - f(W - U_p) = 0 \tag{4-30}$$

式中　F_r——流体作用于砂粒的拖拽力；

　　　f——砂粒摩擦系数，可参考岩石力学提供的计算方法求取；

　　　W——砂粒的自重；

　　　U_p——砂粒所受浮力。

砂粒所受重力和浮力分别为：

$$W = \frac{4}{3}\pi a_l^3 \gamma_s \tag{4-31}$$

$$U_p = \frac{4}{3}\pi a_l^3 \gamma_w \tag{4-32}$$

式中　γ_s——砂粒的重度；

　　　γ_w——流体的重度。

将式（4-29）、式（4-31）和式（4-32）代入式（4-30）得：

$$v_m = \frac{2fa_l^2}{9\mu}(\gamma_s - \gamma_w) \tag{4-33}$$

在半径为 r_0 的毛管束模型中，与毛管束中心距离为 b 的单颗砂粒以速度 v 沿轴向运动时，所受到的拖拽力为 F_r 及由砂粒引起的单位长度压力降 ΔP_s 为：

$$F_r = 6\pi\mu a\left[v_0\left(1 - \frac{b^2}{r_0^2}\right) - v\right] \tag{4-34}$$

$$\Delta P_s = \frac{12\mu a}{r_0^2}\left(1 - \frac{b^2}{r_0^2}\right)\left(1 - \frac{b^2}{r_0^2} - v\right) \tag{4-35}$$

式中　v_0——毛管束中心流速。

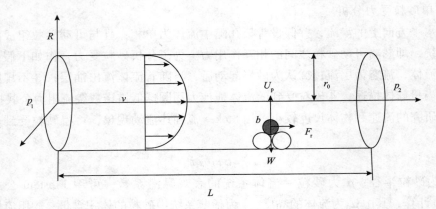

图 4-35　毛管束中流体流动和砂粒受力分析示意图

（2）砂粒组受力分析。

砂岩出砂是一个动态发展过程，通常小颗粒砂粒优先流出油层，为了反映油层出砂这种发展动态特点，下面分析不同砂粒组的出砂。首先考虑第 i 可动粒组，假设其流速为 v_i，则处于半径 R 和 $R+\mathrm{d}R$ 之间的可动砂粒引起的压降为：

$$\mathrm{d}\left(\Delta P_{si}\right)=2\pi N_i LR\mathrm{d}R\left(\frac{6\mu a_i}{r_0^2}\right)\left(1-\frac{R^2}{r_0^2}\right)\left(v_0-v_i-v_0-\frac{R^2}{r_0^2}\right)\tag{4-36}$$

进一步对式（4-36）进行从 $R=0$ 到 $R=r_0$ 积分，可得第 i 可动砂粒组引起的压降为：

$$\Delta P_{si}=8\pi N_i L\mu a_i\left(v_{\mathrm{m}}-0.75v_i\right)\tag{4-37}$$

当第 i 组可动砂粒都静止时，可得：

$$\Delta P_{si}=8\pi N_i L\mu a_i v_{\mathrm{m}}\tag{4-38}$$

设第 $k-1$ 可动砂粒已经流出油层，第 k 组起动后，第 $(k+1)\sim M$ 可动砂粒都不动，这些不动砂粒引起的压降为：

$$\Delta P_s=8\pi L\mu v_{\mathrm{m}}\sum_{j=k+1}^{M}N_j a_j\tag{4-39}$$

流体在毛管束中流动时和管壁的摩擦可由力学平衡原理求出，如图 4-36 所示，P_1 和 P_2 为两个截面的压强，τ_{max} 为管壁处的剪切应力，由平衡条件可得：

$$\Delta P_0=P_1-P_2=\frac{2L\tau_{\mathrm{max}}}{r_0}\tag{4-40}$$

其中，τ_{max} 可表示为：

$$\tau_{\mathrm{max}}=\frac{4\mu v_{\mathrm{m}}}{r_0}\tag{4-41}$$

将式（4-41）代入式（4-40）得：

$$\Delta P_0=\frac{8\mu}{r_0^2}v_{\mathrm{m}}L\tag{4-42}$$

将式（4-39）、式（4-40）和式（4-42）累加后，可求得总的压降为：

$$\Delta P = 8\left(\frac{1}{r_0^2} + N_k \pi a_k + \pi \sum_{j=k+1}^{M} N_j a_j\right) L \mu v_m \qquad (4-43)$$

结合式（4-27）和式（4-33）代入式（4-43），可得第 k 组的起动压力梯度 ∇P 为：

$$\nabla P = \frac{4}{3} f(\gamma_s - \gamma_w) \left[\frac{4}{3}\left(\frac{a_k}{r_0}\right)^2 + T_k + \sum_{j=k+1}^{M}\left(\frac{a_k}{a_j}\right)^2 T_j \right] \qquad (4-44)$$

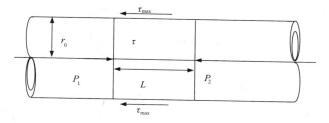

图 4-36　毛管束内流体受力平衡

（3）孔隙度和渗透率计算公式。

当可动砂粒流失的体积量占骨架体积的比例为 S_{Ti} 时，当前孔隙度 φ 可表示为：

$$\varphi = \varphi_0 + S_{Ti}(1 - \varphi_0) \qquad (4-45)$$

式中　φ_0——油层初始孔隙度。

毛管束中平均流速 v_m 和渗流速度 V 的关系表示为：

$$V = \left[\varphi_0 + S_{Ti}(1 - \varphi_0)\right] v_m \qquad (4-46)$$

由式（4-46）可知，随着可动砂粒的流失，油层的孔隙度越来越大，渗流速度也越来越快。

原始油层渗透率 K_0 可以表示为：

$$K_0 = \frac{\varphi_0 r_0^2}{8 \zeta^2} \qquad (4-47)$$

当油层中可动砂粒流失的体积量占骨架体积的比例为 S_{Ti} 时，油层当前渗透率 K 可表示为：

$$K = K_0 \left[1 + S_{Ti}\left(\frac{1}{\varphi_0} - 1\right) \right] \qquad (4-48)$$

由式（4-48）可知，随着可动砂粒的流失，油层的渗透率越来越大。

（4）流速和流量计算公式。

出砂时，沿毛管束轴心流线方向的伯努力方程为：

$$\frac{P_1}{\rho g} + \frac{v_0^2}{2g} = \frac{P_2}{\rho g} + \frac{v_0^2}{2g} + \lambda \frac{L}{2\varphi r_0} \frac{v_0^2}{2g} \qquad (4-49)$$

式中　P_1——进口压强；

$\quad\quad P_2$——出口压强；

$\quad\quad \rho$——混合密度；

g——重力加速度；

L——毛管束长度；

λ——水力摩阻系数。则：

$$v_0 = 2\sqrt{\frac{\varphi\, r_0}{\lambda\rho}\frac{P_1 - P_2}{L}} \qquad (4-50)$$

将式（4-49）代入式（4-50），可得到考虑孔隙度变化的流速计算公式：

$$v_0 = 2\sqrt{\frac{[\varphi_0 + S_{Ti}(1 - \varphi_0)]\, r_0}{\lambda\rho}\frac{P_1 - P_2}{L}} \qquad (4-51)$$

进一步可得流量 Q 计算公式为：

$$Q = A v_m = \frac{1}{2} A v_0 = \pi r_0^2 \sqrt{\frac{[\varphi_0 + S_{Ti}(1 - \varphi_0)]\, r_0}{\lambda\rho}\frac{P_1 - P_2}{L}} \qquad (4-52)$$

由式（4-51）和式（4-52）可以看出，随着砂粒的流失，油层的流速和流量逐渐增大。

2. 模型应用

为深入认识出砂机理，通过算例分析以获取有益结论。采用国内某油藏实际的物性参数作为基础数据，同时取 3 组（A、B 和 C）不同的可动砂粒级配组成作为对比。已知油藏的初始孔隙度 φ_0 为 28.8%，初始渗透率 K_0 为 $1200 \times 10^{-3}\ \mu m^2$，砂粒的容重 γ_s 为 26.46kN/m³，流体容重 γ_w 为 9.8kN/m³，砂粒摩擦系数 f 为 0.43。实际油层中可动砂粒大小各异，将体积当量等价为球体后也存在多种半径级别，为了方便计算，算例将可动砂粒划分为 5 个级别，其中 5 个级别的可动砂粒共占骨架砂粒的体积比为 5%，这 5 组砂粒的半径分别为 0.01×10^{-6} m、0.1×10^{-6} m、1×10^{-6} m、5×10^{-6} m 和 10×10^{-6} m，各组所占的体积百分比见表 4-9。

表 4-9 不同粒级砂粒体积比含量

砂粒组	1 级/%	2 级/%	3 级/%	4 级/%	5 级/%
A	1	1	1	1	1
B	0.1	0.2	2.1	2.1	0.5
C	0.1	0.2	缺失	2.1	2.6

由表 4-9 可知，组 A 表示的砂粒组成各个级别的体积含量相等，表示可动砂粒在各个级别的分布均质；组 B 主要集中在 3 级和 4 级，表示可动砂粒主要集中分布在中等粒径的砂粒，较大和较小粒径含量少；组 C 中缺少 3 级组成，主要和组 B 进行对比，研究缺级情况下的出砂特征。

从图 4-37 可以看出，同一砂粒半径，不同组别的砂粒起动压力梯度是不同的，这说明同一粒径颗粒的起动压力梯度与它所处的可动砂粒组成有关，将图 4-37 的横坐标换成等价的砂粒流失量，可得图 4-38。从这两幅图可以看出，组 A 在初期曲线和后期曲线都高于组 B，这是由于组 A 中 1 级、2 级和 5 级砂粒的含量都高于 B 组中同级别的含量。而组 B 和组 C 相比，组 C 曲线在初期低于组 B，这就说明在一定的压力梯度下，小粒径的砂粒流失后，组 C 仅需小幅度提高压差，就可以使更大的砂粒流失，相反组 B 却不是这样，组 B 和组 C 出砂初期的组成相同，唯一区别在于组 C 缺失了 3 级砂粒，导致粒级不连续。因此，可以形成这样的认识，对于砂粒各个级别分布均匀或者粒级有缺失的油层而言，要更加注意在小压差下的出砂问题。

从图 4-39 和图 4-40 可以看出，随着可动砂粒的流失，孔隙度和渗透率都增大，且和流失量成线性关系。因此，可以形成这样的认识，对于低渗透油藏而言，少量的出砂能够有效增加油层的渗透率。

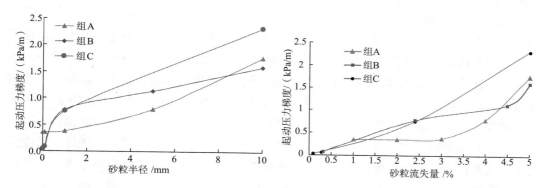

图 4-37　砂粒起动压力梯度和砂粒半径关系曲线　　图 4-38　砂粒起动压力梯度和砂粒流失量关系曲线

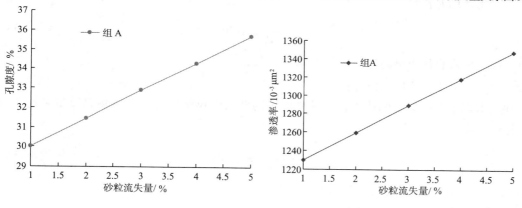

图 4-39　孔隙度和砂粒流失量关系曲线　　　　图 4-40　渗透率和砂粒流失量关系曲线

第五节　大孔道演化实验研究

一、基本概念

大孔道的形成过程涉及流体在储层介质中的渗流，松散颗粒的运移，胶结颗粒在流体作用下的胶结失效，储层介质的应力变形等多种多重复杂力学行为的多场耦合现象。对于这种复杂现象，在进行研究之前，需要进行一些基础理论建设。本节主要对一些基本概念进行阐述，这些基本概念是后续研究的理论基础，对于构建疏松砂岩长期注水大孔道演化理论的构建具有重要意义。

（1）孔涌。显然，大孔道作为一个状态描述名词，不具有描述其形成过程的意义，为此，笔者借鉴土力学中关于"管涌"的定义，提出了"孔涌"这一概念，一来表明油气田开采过程中的大孔道现象和土力学中的管涌流土现象存在某些类似机理，二来可以作为油气田开发领域的专有名词，加以区别。于是，有如下定义：孔涌指的是在渗透力的作用下，储层孔隙介质中的松散颗粒或（及）在流体物理化学作用下胶结失效后的骨架颗粒沿着孔道流出储层的现象。

（2）大孔道。关于大孔道的定义，本书结合其他学者思想及孔涌概念，对大孔道做了如下定义：大孔道指的是孔涌发生以后，大量细小颗粒从泄流口（采油井）流出地层，导致泄流口附近储层渗透率增加，随着孔涌的持续进行，越来越多的颗粒流出储层，致使储层渗透率的增加从泄流口向入流口（注水井）发展，最终贯穿泄流口（采油井）和入流口（注水井）成为一条高渗透率条带，将这条高渗透率条带形象地称之为大孔道。

（3）砂体率和砂质率。储层一旦发生孔涌，采油井将会流出固体颗粒和流体，形成固液两相，随着孔涌的进行，越来越多的储层颗粒产出。为了定量表征储层颗粒占产出流体的比重，做如下定义：砂体率表示在一定时间段内，采油井产出的储层颗粒体积与总产出物体积之比，用 f_v 表示。

$$f_v = \frac{V_s}{V_s + V_f} \times 100\%$$ （4-53）

式中　V_s——采油井产出的储层颗粒的体积；

　　　V_f——采油井产出的流体体积。

砂质率表示在一定时间段内，采油井产出的储层颗粒质量与总产出物总质量之比，用 f_m 表示。

$$f_m = \frac{m_s}{m_s + m_f} \times 100\%$$ （4-54）

式中　m_s——采油井产出的储层颗粒的质量；

　　　m_f——采油井产出的流体质量。

（4）孔涌储层判别式。地下流体开采过程中，并非所有的储层都会发生明显的孔涌，形成大孔道。一般情况下，孔隙度大，渗透率高的储层容易形成大孔道。在进行室内模拟之前，需要确定何种储层易发生孔涌，形成孔涌储层判别式。再利用该判别式，设计出能够发生孔涌的实验模拟储层，以进行接下来的实验研究。

真实储层十分复杂，为了便于研究，将储层进行简化如图4-41所示。从图4-41（a）可看出，容易发生错动而形成孔涌的继续发展。从图4-41（b）可看出，该颗粒排列紧密，不易发生错动而形成孔涌。

我们主要针对图4-41（a）的情形进行研究，假设图4-41（a）的骨架颗粒间被细小颗粒完全填充，如图4-42所示。图4-42只展示了两个级别的充填，依此类推，其他级别的填充相同。当骨架孔隙被一级一级小颗粒完全充填后，整个储层颗粒排列十分致密，不易发生孔涌。

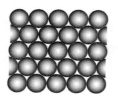

（a）易产生孔涌的颗粒排列　　　　　　（b）不易产生孔涌的颗粒排列

图 4-41　颗粒排列方式

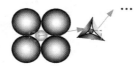

图 4-42　骨架孔隙被多级细小颗粒完全充填

　　因此，只要推导出骨架孔隙被完全充填时的条件，就能得到孔涌储层判别式。首先，构建如图 4-43 所示的物理模型。

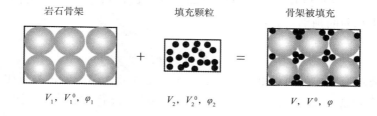

图 4-43　骨架孔隙充填物理模型

骨架体积为 V_1，孔隙体积为 V_1^0，孔隙度为 φ_1，关系如式（4-55）所示：

$$\varphi_1 = \frac{V_1^0}{V_1} \times 100\% \qquad (4-55)$$

填充颗粒体积为 V_2，孔隙体积为 V_2^0，孔隙度为 φ_2，关系如式（4-56）所示：

$$\varphi_2 = \frac{V_2^0}{V_2} \times 100\% \qquad (4-56)$$

骨架被填充后的体积为 V，其中填充后的孔隙体积 $V = V_1$，孔隙体积为 V^0，孔隙度为 φ，关系如式（4-57）所示：

$$\varphi = \frac{V^0}{V} \times 100\% \qquad (4-57)$$

通常情况下，由式（4-46）和式（4-47）可得下面的关系式：

$$V^0 = V_1^0 - V_2(1 - \varphi_2) \qquad (4-58)$$

进一步可得：

$$V_2 = \frac{V_1^0 - V^0}{1 - \varphi_2} \qquad (4-59)$$

设填充颗粒的质量百分数为 P_f，同时认为填充颗粒的密度和岩石骨架的密度相同，那么填充颗粒的质量百分数 P_f 可以表示为：

$$P_f = \frac{V_2}{V}\left(\frac{1 - \varphi_2}{1 - \varphi}\right) \qquad (4-60)$$

当岩石骨架恰好被填满时，容易知：

$$\frac{V_2}{V} = \frac{V_1^0}{V} = \varphi_1 \qquad (4-61)$$

$$\varphi = \varphi_1 \varphi_2 \qquad (4-62)$$

结合式 (4-60) ~ 式 (4-62)，可知：

$$P_f = \frac{\varphi_1 - \varphi}{1 - \varphi} \qquad (4-63)$$

设 $\varphi_1 = \varphi_2$，则填充颗粒百分数和孔隙度的关系为：

$$P_f = \frac{\sqrt{\varphi} - \varphi}{1 - \varphi} \qquad (4-64)$$

一般情况下，φ 的范围在 15% ~40% 之间，$\sqrt{\varphi} - \varphi$ 在 0.23 ~0.25 之间。取 0.25 作为安全值，则发生孔涌的判别式为：

$$P_f < \frac{1}{4(1 - \varphi)} \qquad (4-65)$$

于是，只要填充颗粒的质量百分数小于式子右边部分，储层就极易发生孔涌。因此在配置模拟大孔道形成的填砂模型时，采用式 (4-65) 进行预判断，能够减少配置的工作量。

对于疏松砂岩而言，从砂涌初期，到最终形成大孔道，是一个逐渐发展的过程。从开始的小颗粒运移，到后来的大颗粒运移，再到最后的一定范围内的颗粒运移，以至于形成流体运移的高速通道，整个渐变过程具有时间和空间的双重演化意义。从时间上而言，大孔道的形成需要充分的砂涌时间，从空间而言，大孔道的形成需要一定的砂涌空间发展作为物质基础。作为认识事物的一般方法，需要从时间和空间两个角度来研究大孔道的形成过程。明确其典型发展阶段，对于大孔道的识别和防治具有重要意义。为此，进行了室内物理模拟实验研究。

二、实验设计部分

1. 实验装置

为了研究大孔道的形成机理，搭建了实验平台，整个实验流程如图 4-44 所示。

三维填砂模型如图 4-45（a）所示，实验装置的框架为不锈钢材，视窗为有机玻璃（压力范围：0~2MPa），能够确保直接观察到整个物理现象。具体尺寸如图 4-45（b）所示。

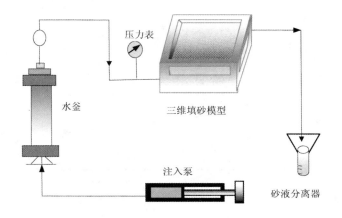

图 4-44　实验流程示意图

（a）三维填砂模型

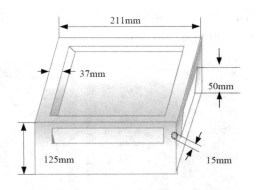

（b）装置尺寸

图 4-45　填砂模型

2. 实验材料

实验采用石英砂，粒径范围分别为 0.096 ~ 0.17mm、0.17 ~ 0.3mm、0.3 ~ 1.448mm 和 1.448 ~ 1.7mm。将这四种不同粒径的颗粒按照图 4-46 配制。

将配制后的石英砂加入三维填砂模型中，按照一定的步骤测定孔隙度（方法见实验步骤），其孔隙度为 35.66%，由图 4-46 可知，填充颗粒的质量百分数为 25%。代入式（4-65）后，判断配方为易发生孔涌。

3. 实验步骤

按照以下实验步骤，进行实验，在实验过程中观察实验现象并做记录。

（1）按照图 4-45 连接好实验装置，在不填砂的情况下，通过计量向三维模型中注水的体积来测量三维填砂模型填砂体积，测量结果为 1735.45cm³。

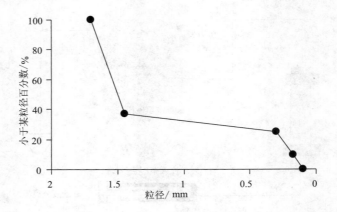

图4-46　颗粒级配曲线

（2）将配制好的石英砂填满整个三维模型，压实刮平，记录填砂质量为2047.42g。

（3）在饱和水之前，抽真空12h，尽可能地将孔隙中的空气抽完，形成负压。

（4）抽真空结束后，通过注入泵向填砂模型中注水，并计量注入量和流出量，以确定孔隙度，饱和水过程如图4-47所示。

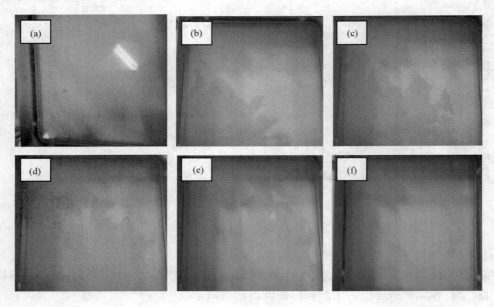

图4-47　饱和水过程

注入水体积为12650.34cm³（扣除了管线死体积），流出水体积为12031.48cm³，计算孔隙度为：

$$\varphi = \frac{12650.34 - 12031.48}{1735.45} \times 100\% = 35.66\% \qquad (4-66)$$

（5）饱和水结束后，进行定压差注水，记录不同时间段的流量，出砂质量及出砂体积。

三、实验结果

1. 大孔道演化典型阶段

在定压差 0.045MPa 下进行长期水驱实验，实验结果见表 4-10。

表 4-10　实验结果

时间/min	体积/cm³	出砂量/g
0	0	0
3	0.52	0.1
5	1.34	0.23
10	4.25	0.58
15	7.96	2.25
20	8.97	1.45
25	8.22	0.75
30	7.35	6.31
35	10.36	6.72
40	11.29	2.45
45	15.32	5.35
70	42.21	11.8
80	34.35	9.32
100	48.65	7.45
120	65.32	11.32
140	81.36	3.82
160	100.56	2.67
180	121.55	2.45

　　根据实测数据，绘制图 4-48～图 4-51。从图 4-48 可以看出，在整个变化过程中，流量总体呈现出逐渐增大的趋势，这是因为，随着孔涌的进行，越来越多的砂子流出模型，增加了模型的渗透率，在定压差驱替过程中，流速增加。整个曲线中存在两个明显的下凹，导致流速下降有两个可能的原因：第一个原因可能是由于砂子的流出，越来越多的细小砂子被流体携带，形成了固液两相流，增大了渗流阻力，导致渗流速度下降；第二个原因可能是由于长时间的出砂，主流线上逐渐形成大孔道，出现了亏空，导致上覆砂子垮塌，阻挡了渗流通道，导致渗流速度下降。通过上面的分析可以认为，第一个下凹更有可能为第一个原因造成，而第二个下凹更有可能为第二个原因造成。

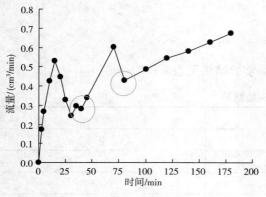

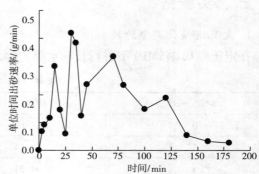

图 4-48　流量随时间变化曲线　　　　图 4-49　单位时间出砂速率随时间变化曲线

从图 4-49 可以看出，在整个变化过程中，流量总体呈现出先增大后减小的趋势，这是由于随着注水时间的延长，出口端的砂子首先产出，随着砂子的产出，增大了渗透率，导致渗流速度增大，单位时间内越来越多的砂子产出，但是当主流线上逐渐形成大孔道以后，储层中的砂子就越来越少，因此出砂速率又开始下降。中间过程中的波动是由于出砂过程中的复杂性造成的，是多种因素耦合的结果。

从图 4-50 可以看出，随着时间的延长，出砂量逐渐增加，最后趋于平缓。其中初始时刻，累计产砂量不是很明显，但是 25min 之后，累计产砂量呈现明显增加趋势，因而出砂不是一个缓慢变化的过程，而是存在一个突发点。

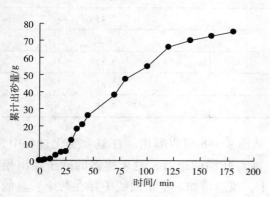

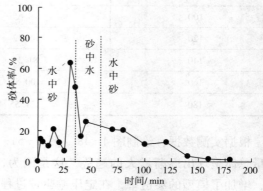

图 4-50　累计出砂量随时间变化曲线　　　　图 4-51　砂体率随时间变化曲线

从图 4-51 可以看出，在整个变化过程中，存在三个明显的阶段，第一个阶段：产出物中，砂体率在 10%～20% 之间，砂子只占少部分，该阶段可以称作水中砂阶段；第二个阶段，产出物中，砂体率在 47%～63% 之间，砂子占大部分，水只占少部分，该阶段可称之为砂中水阶段。第三个阶段，产出物中，砂体率在 1%～25% 之间，砂子只占少部分，称之为水中砂阶段。从整个曲线来看，第二个阶段相对靠前，也就是说在整个大孔道的形成过程中，大量出砂集中在初始阶段。第二个阶段出现时，没有明显的过渡阶段，而是产砂量突然增大，这给防砂预警带来困难。

2. 不同压差下大孔道演化特征

根据上述定压差 0.045MPa 的实验方法和步骤，在定压差 0.09MPa 和 0.18MPa 下分别进行长期水驱实验，实验结果见表 4-11。将该表中的数据进行分析计算，绘制图 4-52～图 4-55。从图 4-52 可以看出，压差越大，流量越大。从图 4-53 可以看出，压差越大，初始时刻的出砂率越大，这是因为压差越大，初始时刻能够运移的砂子越多，在出砂后期，不同压差的出砂率基本接近，这是因为在一定压差下能够运移的砂子越来越少，因此逐渐接近。从图 4-54 可以看出，压差越大，累计出砂量越大，这是因为在大压差下，能够启动的砂子粒径上限越大，因此出砂量越大。从图 4-55 可以看出，在不同的压差下，砂体率没有明显的规律，这是因为一定体积的流体的携砂能力是一定的，也是有上限的，所以不同压差下，砂体率的变化趋势基本相同，没有明显的变化。

表 4-11　恒压条件下实验结果

0.09MPa			0.18MPa		
时间/min	体积/cm³	出砂量/g	时间/min	体积/cm³	出砂量/g
0	0	0	0	0	0
3	3.6	0.4	5	6.7	1
5	3	0.8	12	12.8	2.95
10	7.3	1.2	16	16	4.08
15	9.7	3.02	18	18.8	8.72
22	14	4.58	22	18.2	9.77
28	18.2	6.87	28	29.8	11.9
36	26.7	8.96	36	26.4	10.85
48	36.5	8.48	48	35.6	11.54
59	44.4	8.04	59	50	10.4
65	49.8	11.78	65	59.9	9.45
75	56	12.5	75	74.8	19.45
90	59	13.72	90	85.7	17.27
100	65.7	12.18	100	116.7	17.53
120	81.5	8.32	120	134.3	20.35
130	80	10.61	130	152	21.55
145	92	9.89	145	153.2	17.34
180	114.3	15.04	180	175.1	19.1
208	110.6	9.93	208	210.6	7.66
240	127.7	3.48	240	225.2	8.35
			280	290.9	5.72

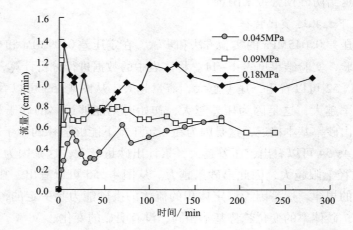

图 4-52　不同压差下流量随时间变化曲线

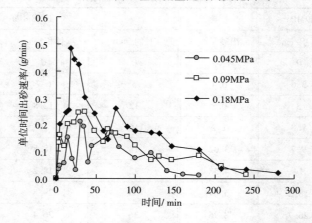

图 4-53　不同压差下单位时间出砂速率随时间变化曲线

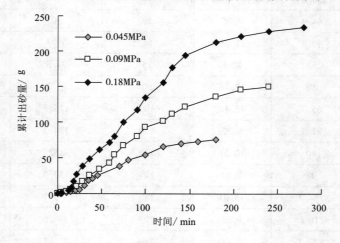

图 4-54　不同压差下累计出砂量随时间变化曲线

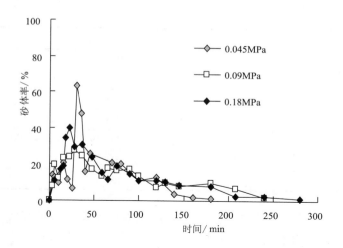

图4-55 不同压差下砂体率随时间变化曲线

3. 阶梯型升压下大孔道演化特征

按照表4-12的升压方式,进行了阶梯式升压下出砂实验,对该表中的数据进行计算,绘制图4-56~图4-59。

表4-12 阶梯式升压条件下实验结果

压差/MPa	时间/min	体积/cm³	出砂量/g
0.01	0	0	0
0.01	10	2.12	1.71
0.01	20	5.34	2.13
0.04	30	9.45	0.58
0.04	40	25.66	16.54
0.08	50	58.12	14.51
0.08	60	63.11	7.73
0.08	70	65.2	8.74
0.1	80	84.45	20.26
0.1	90	88.22	18.38
0.1	100	95.45	12.13
0.14	110	111.22	16.34
0.14	120	122.34	17.23
0.14	130	139.23	48.45
0.18	140	167.34	15.77
0.18	150	220.45	21.33
0.18	160	234.12	22.12
0.2	170	257.73	13.91
0.2	180	281.34	14.33

压差/MPa	时间/min	体积/cm³	出砂量/g
0.2	190	320.23	14.25
0.24	200	341.61	40.85
0.24	210	418.34	7.03
0.24	220	428.31	15.61
0.28	230	445.19	16.13
0.28	240	516.23	11.85
0.28	250	532.11	14.56

从图 4-56 可以看出，随着压差的增大，流量总体呈现增大的趋势。在同一压差下，流量也并非定值，这是由于整个物理过程是非稳态渗流，存在多种影响因素。从图 4-57 可以看出，在整个升压过程中，存在几个明显的峰值，主要原因是峰值对应的压差可能是某一粒径下砂子的启动压差，只有当达到该压差时，此粒径砂子才能流出来。从图 4-58 可以看出，随着阶梯式升压，总出砂量逐渐增大。从图 4-59 可以看出，砂体率也存在几个峰值，这和整个阶梯式升压过程有关。

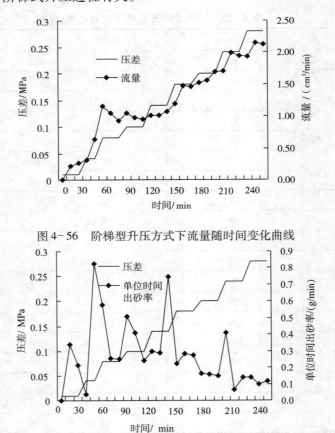

图 4-56　阶梯型升压方式下流量随时间变化曲线

图 4-57　阶梯型升压方式下单位时间出砂速率随时间变化曲线

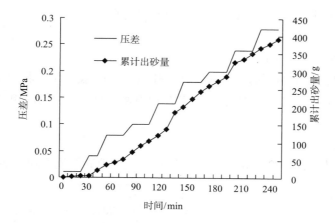

图4-58　阶梯型升压方式下累计出砂量随时间变化曲线

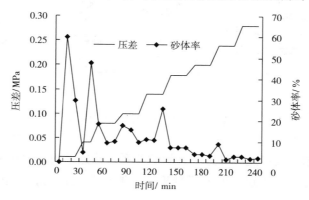

图4-59　阶梯型升压方式下砂体率随时间变化曲线

四、采用超声波探测大孔道演化实验

由于对出砂形成的大孔道形成细观机理已经有了较为深入的研究，但是大孔道作为一条贯穿于注水井和采油井的大尺度渗流条带，它在宏观尺度上的形成过程和定性描述还相对较少，主要是由于受实验手段的限制，于是，本节创新性地利用超声波声学参数探测大孔道形成过程，并将声学参数反演成渗透率，同时绘制了大孔道形成过程中的渗透率云图，直观形象地表征了大孔道在宏观尺度上的演化过程，同时提出了宏观尺度上大孔道形成的两个机理。

1. 实验原理

声音在不同的介质中具有不同的传播速度，对于多孔介质而言，Wyllie 提出的饱和岩石孔隙度和声时的关系：

$$\varphi = \frac{t - t_{\mathrm{m}}}{t_{\mathrm{f}} - t_{\mathrm{m}}} \tag{4-67}$$

式中　φ——孔隙度；

t——饱和液体后岩石的声时，声时为声速的倒数，s/m；

t_f——液体的声时，s/m；

t_m——岩石的声时，s/m。

由此可以看出，对于不同的介质和流体，孔隙度和声速具有关系，而孔隙度和渗透率具有一定的关系，因此，本书建立了渗透率 K 和声速 v 的关系，用超声波的声速来反演储层渗透率。

2. 实验装置及步骤

其他实验装置如图 4-60 所示，不同之处在于三维填砂模型添加了超声波探测器。

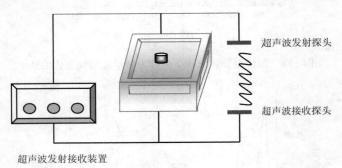

超声波发射接收装置

图 4-60　超声波探测示意图

具体的实验步骤如下：

（1）为了建立超声波声速和渗透率之间的关系，首先采用填砂管模型建立不同的渗透率的填砂，再将该配比下的砂子填入三维模型，通过测定声速，建立声速和渗透率的关系，如图 4-61 所示。

由此可得渗透率和声速的关系式为：

$$K = -1.5688v + 6965.9 \tag{4-68}$$

（2）将整个探测区域划分为纵横各 9 个网格，一共为 81 个网格，在恒压下进行水驱实验，间隔 10min，用探头测量一遍每个网格数据。

（3）将探测的声速数据，按照式（4-68）反演为渗透率数据，并绘制渗透率云图。

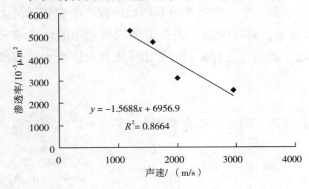

$y = -1.5688x + 6956.9$
$R^2 = 0.8664$

图 4-61　声速和渗透率关系标定曲线

3. 实验结果及分析

将反演得到的各点渗透率绘制成不同时刻的渗透率云图，如图 4-62 和图 4-63 所示，其中图 4-62 是在恒压 0.2MPa 下进行的长期水驱，图 4-63 是在恒压 0.4MPa 下进行的长期水驱。从图中可以看出，渗透率最先变化的区域出现在泄流（采油井），这是因为采油井附近的砂子最先流出地层，同时主流线上的渗透率变化最为明显，这是因为主流线上的流线最为密集，砂子最优先流出。0.4MPa下的大孔道比较窄，这主要是因为压力越大，流速越高，主流线越容易优先形成高渗流通道，减弱了大孔道的横向拓展。

通过对渗透率云图的综合分析后，绘制出大孔道形成过程中的流场图，可以得到大孔道两个宏观机理，分别为：①横向拓宽机理：该机理是大孔道横向拓展的主导因素，随着主流线上的细小颗粒已经流出，造成了大孔道上的渗透率增大，指向主流线方向的渗流阻力变小，流线向主流线汇聚，导致主流线的宽度逐渐加宽；②纵向延伸机理：该效应是大孔道纵向延伸的主导因素，随着石英砂的流出，泄流口逐渐形成高渗透区域，直至形成无砂空洞，随着注水的继续进行，主流线下游的砂持续流出，导致泄流口的高渗透条带逐渐向上游推进，直至贯穿整个主流线。

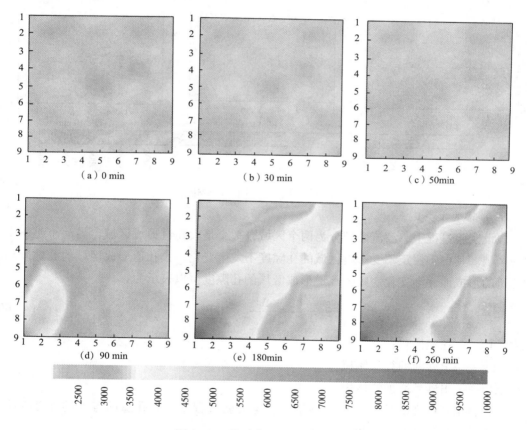

图4-62　渗透率云图（0.2MPa）

五、大孔道演化特征参数模型

在大孔道形成过程中，储层发生了变化，油气田开发过程中的关键参数（孔隙度、渗透率）如何变化是一个重要问题。为此，本节针对该问题，建立了大孔道形成过程中的储层孔隙度计算模型、渗透率计算模型和流量计算模型，并通过实验验证了该公式的有效性。

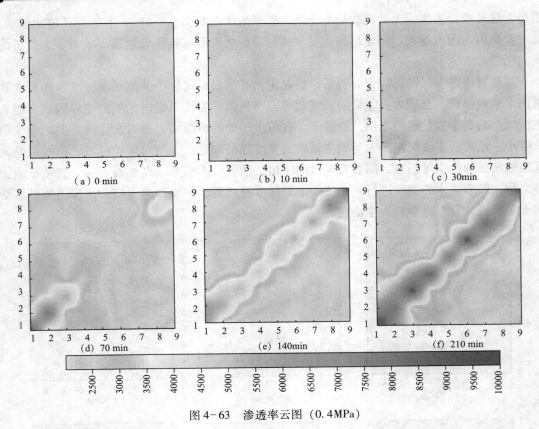

图 4-63　渗透率云图（0.4MPa）

1. 孔隙度模型建立

假设实验过程中，渗流区域分为两个区域，一个是大孔道形成区域，另一个是不受影响的区域。其中，假定不受影响区域的孔隙度不发生变化，大孔道形成区域的孔隙度随着大孔道的形成而逐渐变化。则大孔道形成区域的孔隙度可以表示为：

$$\varphi = \frac{V_{vo} + \Delta V_v}{V_v} \times 100\% \tag{4-69}$$

式中　V_v——孔隙体积；

　　　V_{vo}——出砂前的孔隙体积；

　　　ΔV_v——出砂后增加的体积。

易知，增加的孔隙体积等于出砂量，假定实验过程中，大孔道的各处的深度 h 为定值。则大孔道发展体积 V 可以表示为：

$$V = \int_0^L bh\mathrm{d}l = \int_0^L b(t)hl'\mathrm{d}t \tag{4-70}$$

式中　b——大孔道的宽度，随着时间变化；

　　　$\mathrm{d}l$——大孔道长度的微元增量；

　　　l'——大孔道增长距离的导数。

　　　L——大孔道的长度。

在本书的实验中，大孔道的长度范围如图 4-64 所示，范围为 $0\text{mm} \leqslant L \leqslant 193.74\text{mm}$。

于是，ΔV_v 可以表示为：

$$\Delta V_\text{v} = V_\text{s} = \frac{m_\text{s}}{\rho_\text{s}} \qquad (4-71)$$

式中　V_s——出砂的体积；

　　　m_s——累计出砂质量；

　　　ρ_s——砂粒的密度。

图 4-64　大孔道最大长度

对图 4-54 不同压差下的累计出砂质量曲线进行拟合，拟合结果如图 4-65 ~ 图 4-67 所示，发现累计出砂质量和出砂时间符合 Gauss 模型：

$$m_\text{s} = A + \frac{B}{1.252996C}\text{e}^{-2\sqrt{\frac{t-D}{C}}} \qquad (4-72)$$

式中　　　t——时间；

A、B、C、D——系数。

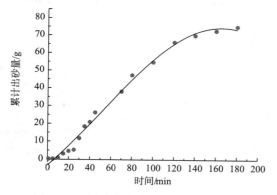

图 4-65　累计出砂量及 Gauss 拟合曲线
　　　　　（0.045MPa）

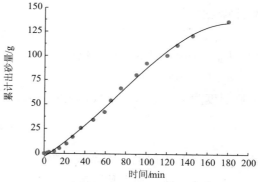

图 4-66　累计出砂量及 Gauss 拟合曲线
　　　　　（0.09MPa）

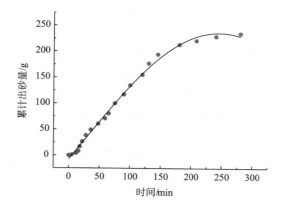

图 4-67　累计出砂量及 Gauss 拟合曲线　（0.18MPa）

统计图 4-65 ~ 图 4-67 的拟合结果，见表 4-13。

表 4-13　累计出砂量拟合参数

实验压差/MPa	A	B	C	D	R^2
0.045	-40.11818	31534.15338	219.73568	165.27989	0.9933
0.09	-95.72983	96840.67104	315.84255	222.03662	0.99624
0.18	-292.33005	291894.21546	440.94251	245.04545	0.99578

通过上面的分析，联立式（4-69）、式（4-70）、式（4-71）和式（4-72），可得大孔道演化过程中孔隙度计算公式：

$$\varphi = \frac{V_{VO} + (A + \dfrac{B}{1.252996C}e^{-2\sqrt{\frac{t-D}{C}}})/\rho_s}{\int_0^L b(t)hl'\mathrm{d}t} \times 100\% \tag{4-73}$$

2. 渗透率模型建立

在建立渗透率模型之前，需要首先建立渗透率和孔隙度的关系。本书采用水利水电科学院计算公式：

$$k_{10} = 234\varphi^3 d_{20}^2 \tag{4-74}$$

式中　k_{10}——10℃时的渗透系数；

d_{20}——等效直径。

则温度为 T 时的渗透系数 k_T 为：

$$k_T = k_{10}\frac{\mu_{10}}{\mu_T} \tag{4-75}$$

式中　μ_{10}——10℃时的动力黏滞系数；

μ_T——T 时的动力黏滞系数。

将渗透系数换算为渗透率 K_T，两者之间的关系为：

$$K_T = k_T\frac{\mu_T}{\gamma} \tag{4-76}$$

式中　γ——容重。

联立式（4-74）、式（4-75）和式（4-76），得 T 时的渗透率表达式为：

$$K_T = \frac{234\varphi^3 d_{20}^2 \mu_{10}}{\gamma} \tag{4-77}$$

将式（4-73）代入式（4-77）得渗透率的计算模型为：

$$K_T = \frac{234 d_{20}^2 \mu_{10}}{\gamma}\left[\frac{V_{VO} + (A + \dfrac{B}{1.252996C}e^{-2\sqrt{\frac{t-D}{C}}})/\rho_s}{\int_0^L b(t)hl'\mathrm{d}t} \times 100\%\right]^3 \tag{4-78}$$

3. 流量模型建立

将整个渗流区域划分为两个区域，首先计算大孔道区域的流量，记为 Q_1，假设大孔道形成过程中仍然遵循达西定理，则 Q_1 可表示为：

$$Q_1 = \frac{K_T \Delta P}{\mu_T l(t)} A_1$$

$$= A_1 \frac{234 d_{20}^2 \mu_{10} \Delta P}{\gamma \mu_T l(t)} \left[\frac{V_{VO} + (A + \frac{B}{1.252996C} e^{-2\sqrt{\frac{t-D}{C}}})/\rho_s}{\int_0^L b(t) h l' \mathrm{d}t} \times 100\% \right]^3 \quad (4-79)$$

式中　ΔP——渗流场两端的压差；

A_1——大孔道的横截面积，$A_1 = b(t) h$。

除去大孔道区域的流量记为 Q_2，则 Q_2 可以表示为：

$$Q_1 = \frac{K_o \Delta P}{\mu_T L_0} A_2 \quad (4-80)$$

式中　K_o——原始渗透率（没有出砂）；

A_2——除去大孔道外的渗流横截面积；

L_0——大孔道外部渗流长度。

联立式（4-79）和式（4-80）得总流量公式 Q 为：

$$Q = Q_1 + Q_2$$

$$= A_1 \frac{234 d_{20}^2 \mu_{10} \Delta P}{\gamma \mu_T l(t)} \left[\frac{V_{VO} + (A + \frac{B}{1.252996C} e^{-2\sqrt{\frac{t-D}{C}}})/\rho_s}{\int_0^L b(t) h l' \mathrm{d}t} \times 100\% \right]^3 + \quad (4-81)$$

$$\frac{K_o \Delta P}{\mu_T L_0} A_2$$

4. 模型应用

结合本书的实验数据，对上述推导的公式进行应用和验证，以压差 0.09MPa 的实验为例。

（1）孔隙度演化规律模拟。

在孔隙度模拟之前，首先要建立大孔道的几何参数模型。假设大孔道的截面积为矩形，为了计算方便，假设矩形的高都为 25mm，根据出砂量和时间的关系，反求矩形的宽，计算结果如图4-68所示。将图4-68的计算结果带入式（4-73），得到孔隙度随时间的演化曲线。

从图4-69可以看出，随着注水时间的增加，大孔道部分的孔隙度越来越大，最终孔隙度接近90%，可见，大孔道部分的砂子绝大部分都被驱替出来了，但是这个计算结果和实际存在一定的误差，误差主要有两个方面：第一个方面是，流出地层的砂粒还有一部分是来自没有形成大孔道的储层部分；第二个方面是，对于大孔道的几何假设条件过于理想。

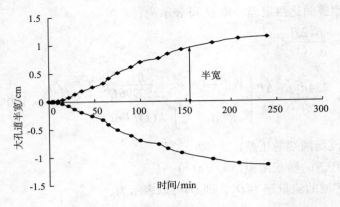

图4-68　大孔道宽度计算结果

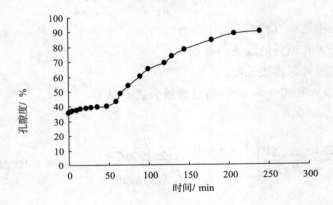

图4-69　孔隙度演化曲线

（2）渗透率演化规律模拟。

将图4-68的计算结果代入式（4-78），得到渗透率随时间的演化曲线。从图4-70可以看出，随着注水时间的增加，大孔道部分的孔渗透率越来越大，最终孔渗透率达到$35000 \times 10^{-3} \mu m^2$。

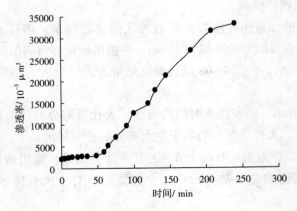

图4-70　渗透率演化曲线

第五章 高凝油油藏注水开发数值模拟

高凝油油藏在注水开发时,注入水充注储层后,储层中将存在多相流渗流场、温度场、蜡晶析出引起的高凝油相变场等多场耦合问题,从而导致了油水在多孔介质中的渗流过程将变得十分复杂。本章首先建立了考虑蜡沉积对渗流场影响的一维数值模型,得到了典型认识,再通过数值模拟软件进行了三维数值模拟计算,得到了接近实际高凝油油藏的开发规律。

第一节 冷伤害一维数值模拟

为了从机理和理论上明确高凝油油藏冷伤害特征,对高凝油油藏注冷水开发时产生冷伤害的物理过程进行描述,建立了物理模型和数学模型,给出了数学模型的求解方法,通过分析,得到了高凝油油藏冷伤害典型特征。

一、蜡沉积控制方程

高凝油油藏注水开发产生冷伤害的原因是原油中蜡质的析出。因此,在建立冷伤害数学模型时,需要首先建立高凝油析蜡控制方程。采用黄启玉提出的利用DCS曲线计算析蜡量的方法,得到了不同温度下累计析蜡量关系曲线,如图5-1所示。

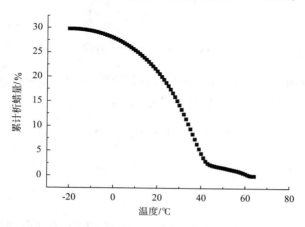

图5-1 累计析蜡量和温度关系曲线

在数值模拟中,需要对图5-1的累计析蜡量和温度的关系曲线进行数值化,通过对图

5-1 中的数据进行分段回归，得到析蜡控制方程，如式（5-1）所示。

$$C_s = \begin{cases} 0 & T \geqslant 63.98℃ \\ -0.0094T^2 - 0.2063T + 28.501 & 43℃ \leqslant T \leqslant 63.98℃ \\ -0.1132T + 7.2661 & -20℃ \leqslant T \leqslant 43℃ \end{cases} \quad (5-1)$$

式中　C_s——某一温度下的累计析蜡量，%；

　　　T——温度，℃。

根据相关研究结果可知，颗粒在一维多孔介质中考虑剪切和弥散效应的沉积数学模型可表示为式（5-2）和式（5-3）：

$$\frac{\partial C}{\partial t} = D \frac{\partial^2 C}{\partial x^2} - u \frac{\partial C}{\partial x} - \frac{\rho}{\varphi} \frac{\partial C}{\partial t} \quad (5-2)$$

$$\frac{\rho}{\varphi} \frac{\partial C}{\partial t} = kC \quad (5-3)$$

式中　C——渗流中颗粒的浓度，g/m^3；

　　　φ——孔隙度；

　　　D——弥散系数，m^2/s；

　　　u——渗流速度，m/s；

　　　t——时间，s；

　　　x——颗粒的迁移距离，m；

　　　ρ——颗粒密度，g/m^3；

　　　k——沉积系数。

忽略弥散效应，并且假设颗粒沉积系数在空间和时间上都是定值。设 $x=0$ 处以恒定浓度 C_0 注入悬浮液，时间为 t_0，初始时刻多孔介质未发生沉积，$a(x)$ 为沉积的体积占孔隙体积的比。则其解析解可表示为式（5-4）和式（5-5）：

$$C(x) = C_0 \exp\left(-\frac{k}{u}x\right) \quad (5-4)$$

$$a(x) = t_0 \varphi k C(x) = t_0 \varphi k C_0 \exp\left(-\frac{k}{u}x\right) \quad (5-5)$$

将式（5-5）应用于计算蜡在油藏中的沉积计算，则式（5-4）中的 C_0 用式（5-1）中的 C_s 代替，可得到多孔介质中的蜡沉积量控制方程，如式（5-6）所示：

$$a(x) = t_0 \varphi k C(x) = t_0 \varphi k C_s \exp\left(-\frac{k}{u}x\right) \quad (5-6)$$

二、冷伤害模型建立

1. 物理模型

为了清楚地表征高凝油油藏冷伤害，绘制了孔隙尺度下的高凝油油藏冷伤害微观示意图，如图 5-2 所示。当油藏温度在析蜡温度以上时，蜡质溶解在高凝油中，孔隙中只有高凝油和地层水，当注入水之后，孔隙的温度低于析蜡点时，溶解在高凝油中的蜡晶析出。

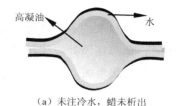 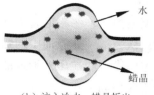

（a）未注冷水，蜡未析出　　　　　（b）注入冷水，蜡晶析出

图 5-2　微观冷伤害示意图

2. 数学模型

（1）蜡质沉积量和孔渗关系模型。

设毛管束半径为 r_0，设 dx 内的蜡质沉积量为 a_t，则油层中 dx 范围内的蜡沉积和油层损害关系模型，可由式（5-7）计算：

$$a_t = \int_x^{x+\Delta x} a(x,t)\, dx \tag{5-7}$$

将总蜡沉积量 a_t 按照体积等价为厚度为 h 的圆环，h 的大小可用式（5-8）计算，其中蜡质沉积量 a_{t1} 等价为厚度为 h_1 的蜡质圆环，蜡沉积量 a_{t2} 等价为厚度为 h_2 的蜡质圆环，油层伤害可用图 5-3 表示。

$$h = r_0 - \sqrt{r_0 - \frac{a_t}{\pi \Delta x}} \tag{5-8}$$

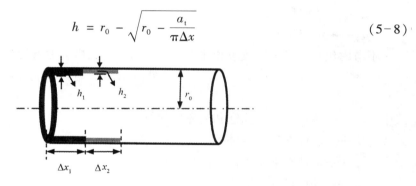

图 5-3　蜡沉积等价体积油层损害

油层产生厚度为 h 的蜡沉积后，忽略岩石比面的变化，孔隙度 φ 和渗透率 K 变化后的计算公式为：

$$\varphi_1 = \left(1 - \frac{h}{\tau}\sqrt{\frac{\varphi}{8K}}\right)\varphi \tag{5-9}$$

$$K_1 = K\left(1 - \frac{h}{\tau}\sqrt{\frac{\varphi}{8K}}\right) \tag{5-10}$$

式中　φ_1——蜡沉积后的孔隙度；

　　　K_1——蜡沉积后的渗透率；

　　　τ——迂曲度。

（2）渗流场和温度场模型。

以一维油藏模型为例，忽略毛管力和重力；认为油和水均不可压缩；原油析蜡后，不影响原油的黏度；认为某一处原油中的蜡质析出后，全部在该处发生沉积，不考虑扩散和吸附；流动中仅考虑模型两端压差形成的流动，不考虑热对流。

两相一维渗流模型如下式：

$$-\frac{\partial v_w}{\partial x_i} = \varphi(x_i, t_j)\frac{\partial S_w(x_i, t_j)}{\partial t_j} \tag{5-11}$$

$$-\frac{\partial v_o}{\partial x_i} = -\varphi(x_i, t_j)\frac{\partial S_w(x_i, t_j)}{\partial t_j} \tag{5-12}$$

$$v_w = -\frac{K(x_i, t_j)K_{rw}(S_w)}{\mu_w}\frac{\partial p}{\partial x} \tag{5-13}$$

$$v_o = -\frac{K(x_i, t_j)K_{ro}(S_o)}{\mu_o}\frac{\partial p}{\partial x} \tag{5-14}$$

式中　v_w——水相流速；

　　　v_o——油相流速；

　　　S_w——水相饱和度；

　　　μ_o——油相黏度；

　　　μ_w——水相黏度。

不考虑焦耳－汤姆逊效应和注入水在井筒中热交换，地下的温度场可描述为：

$$C_e\frac{\partial T(x_i, t_j)}{\partial t_j} + \rho v C_p\frac{\partial T(x_i, t_j)}{\partial x_i} = \frac{\partial}{\partial x_i}\left[\lambda\frac{\partial T(x_i, t_j)}{\partial x_i}\right] \tag{5-15}$$

式中　C_e——单位岩石体积饱和流体后的热容；

　　　C_p——流体在油层条件下的比热；

　　　ρ——流体在油层条件下的密度；

　　　λ——油层导热系数。

原油的蜡沉积控制方程如式（5-16）所示：

$$a = a(x_i, t_j) = t_j\varphi kC(x_i) = t_j\varphi kC_p\exp\left(-\frac{k}{u}x_i\right) \tag{5-16}$$

式（5-11）~式（5-16）为描述渗流场、温度场及原油的蜡沉积控制方程，其中边界条件和初始条件可根据实际条件给出。

3. 模型求解

蜡质沉积量可以表示为 $a = a(x_i, t_j)$，同时油相饱和度场可表示为 $S_o = S_o(x_i, t_j)$，温度场可表示为 $T = T(x_i, t_j)$，因此 $a = a(S_o, T)$。也就是说，求解蜡质沉积量其实质就是求解饱和度场和温度场。由于在上面的数学模型中，没有建立饱和度场和温度场的直接关系，采用分别求出温度场和饱和度场，将两场进行间接耦合，结合析蜡控制方程，计算油藏的蜡质沉积总量，再根据蜡沉积量折算油层损害程度。为了求解该模型，采用了商业软件（MATLAB 7.0.1）编制了计算程序，耦合计算流程如图5-4所示，详细的求解方法具体如下。

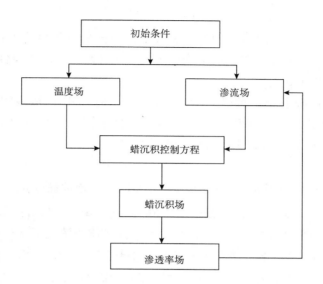

图 5-4　多场耦合求解流程图

（1）计算 dx 区域 t_j 时刻的温度场。首先对温度场模型给定边界条件和初始条件。初始条件可表示为式（5-17），边界条件可表示为式（5-18）和式（5-19）。

$$T(x_i, t_j = 0) = T_0 \tag{5-17}$$

$$T(x_0 = 0, t_j) = T_w \tag{5-18}$$

$$T(x_I = L, t_j) = T_0 \tag{5-19}$$

联立式（5-15）、式（5-17）、式（5-18）和式（5-19），组成温度场求解数学模型，采用有限差分算法进行数值求解，空间网格点为 i（$i = 0, 1, 2, \cdots, I$），时间点为 j（$j = 0, 1, 2, \cdots, J$）。

数学模型离散为：

$$\frac{\lambda}{(\Delta x)^2} T_{i-1}^{j+1} + \left[\frac{\rho v C_p}{\Delta x} - \frac{2\lambda}{(\Delta x)^2} - \frac{C_e}{\Delta t}\right] T_i^{j+1} + \left[\frac{\lambda}{(\Delta x)^2} - \frac{\rho v C_p}{\Delta x}\right] T_{i+1}^{j+1} = -\frac{C_e}{\Delta t} T_i^j \tag{5-20}$$

$$T_i^0 = T_0 \tag{5-21}$$

$$T_0^j = T_w \tag{5-22}$$

$$T_I^j = T_0 \tag{5-23}$$

联立式（5-20）~式（5-23），编制计算机程序，可求得任意时刻的 dx 区域的温度场分布。

（2）根据求出的温度场分布，计算 dx 区域中的平均温度 T_a。

$$T_a = \frac{1}{dx} \int_x^{x+dx} T(x) \, dx \tag{5-24}$$

（3）由式（5-11）~式（5-14），在给定相渗曲线和注入速度后，计算出 t_j 时刻 dx 区域内油相饱和度场分布，并且求出 dx 区域中的平均含油饱和度 S_{oi}。

$$S_{oi} = \frac{1}{dx} \int_x^{x+dx} S_{oi}(x) \, dx \qquad (5-25)$$

（4）为了计算 dx 区域内蜡沉积量，需要根据实验数据拟合出蜡沉积控制方程如式 (5-16) 所示，将第（2）步计算出的平均温度代入式（5-16），再结合式（5-25）计算出该温度下的蜡沉积量 a_{t_j}。

（5）将 t_j 时刻时 dx 区域内的蜡沉积量 a_{t_j} 加上 t_{j-1} 时刻 dx 区域内的蜡沉积量 $a_{t_{j-1}}$，求出 dx 区域总的蜡沉积量 a_t，再根据在 dx 区域求取的总蜡沉积量 a_t，代入式（5-9）和式（5-10），就可以得到 dx 在 t_j 时刻的孔隙度和渗透率。

4. 算例分析

设一维油藏长为 $L = 120\text{m}$，注入速度 $v = 0.001\text{m/s}$，原油黏度 $\mu_o = 10\text{mPa·s}$，注入水黏度 $\mu_w = 0.68\text{mPa·s}$，原始油层渗透率 $K = 1000 \times 10^{-3} \mu\text{m}^2$，原始孔隙度 $\varphi = 27\%$，岩心原始温度 $T_0 = 85\text{℃}$，注入水温度 $T_w = 25\text{℃}$，原始含蜡体积浓度 $C = 38\%$，油层导热系数 $\lambda = 2.3\text{W/（m·℃）}$，单位岩石体积饱和流体后的热容 $C_e = 3.5\text{J/℃}$，流体在地下的比热 $C_p = 1.73\text{J/（g·℃）}$，流体在油层条件下的密度 $\rho = 0.8 \times 10^6 \text{g/m}^3$，蜡沉积系数为 0.15，相渗数据见表 5-1。

表 5-1　高凝油油水相渗

S_w	K_{ro}	K_{rw}
0.3630	1.000	0
0.5553	0.341	0.024
0.5897	0.234	0.039
0.6063	0.194	0.046
0.6252	0.155	0.055
0.6458	0.120	0.065
0.6870	0.068	0.088
0.7122	0.044	0.107
0.7353	0.026	0.130
0.7528	0.015	0.151
0.7630	0.008	0.165
0.7743	0	0.205

根据上面的参数，进行模型求解，并且进行了不同注水参数的敏感性分析。图 5-5 表示的是不同注水时间下，储层冷伤害由注水之后的渗透率和原始渗透率的比值可以看出：①在注水井井壁处，油层损害程度保持一个常数，这是因为蜡沉积量是饱和度和温度的函数，在井壁处，饱和度和温度不随时间发生变化，因此在注水井井壁处蜡沉积量是一个常数。②随着注水时间的推移，油层损害程度和范围都逐渐增大，这是由于注水时间越长，冷水波及到的区域越大，同时随着注水时间的延长，油层同一位置的温度逐渐降低，油层多次析蜡，导致同一位置的油层损害越来越严重。③不同时刻，油层最大损害程度所在位置不同，随着注水时间的推移，油层损害最严重的位置缓慢地向油层深部推进，同时冷伤

害程度也随着注水时间的推移而逐渐加重。④随着注水时间的延长，如图中 $t=30h$ 的曲线所示，油层在 50m 内的损害程度基本相当，由此可见，长时间冷注对于高凝油油藏的损害程度和损害范围都是很大的，因此在高凝油油藏开发时，需要注意冷伤害问题。⑤随着长时间的注入，近井地带含油饱和度越来越小，并且含蜡量随着长时间的析出，剩余在原油内部的蜡质也已经越来越少，这两方面的原因形成长时间注冷水后，距离注水井较近区域油藏的析蜡量逐渐趋于定值，如图 5-5 所示：$t=25h$ 和 $t=30h$ 在 10m 范围内冷伤害程度差别不大。

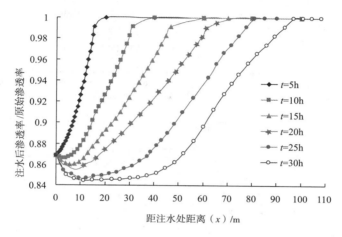

图 5-5　不同时刻下渗透率分布曲线

图 5-6 表示不同注水温度下油藏渗透率的伤害程度，从图中可以看出，在同一位置，注水温度越低，冷伤害程度越严重，并且冷伤害影响范围越大。图 5-7 表示不同原油含蜡量下油藏渗透率的伤害程度，从图中可以看出，在同一位置，含蜡量越大，冷伤害程度越严重，并且冷伤害影响范围越大。图 5-8 表示不同注水速度下油藏渗透率的伤害程度，从图中可以看出，在同一位置，注水速度越大，冷伤害程度越严重，并且冷伤害影响范围越大。

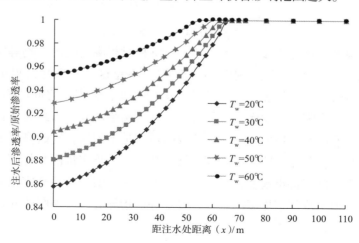

图 5-6　不同注水温度下渗透率分布曲线

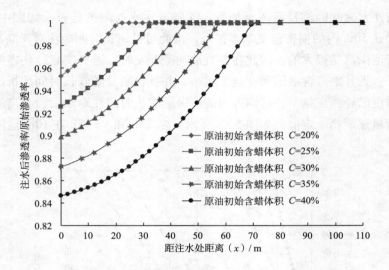

图 5-7　不同原油含蜡量下渗透率分布曲线

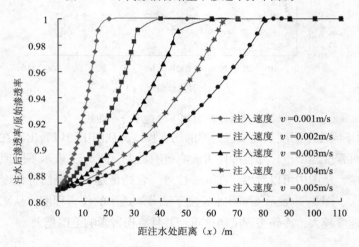

图 5-8　不同注入速度下渗透率分布曲线

　　注水过程中温度变化对相渗曲线的影响，蜡沉积对相渗曲线的影响等问题，目前还未取得很好的认识，高凝油冷采过程中存在的问题并不止这些，析蜡过程中原油性质的改变，蜡沉积对岩石表面物性和多孔介质特征的影响以及各种因素之间的相互作用等问题，从深入研究高凝油冷伤害的角度而言，很有必要开展实验研究。石蜡在原油中沉积，还存在多种沉积模式，不同的沉积模式对油藏造成的损害是不同的，同时高凝油和石蜡的组分对析蜡问题也有影响。总之，冷伤害问题是极其复杂的，受多种因素控制，改变任何一种因素，油层的损害程度就会出现变化，通过本书的研究，明确了冷伤害的基本特征，但仍然需要继续研究，揭示冷伤害更多的特征，以更好地指导高凝油油藏的开发。

第二节 井网模式优化数值模拟

本节主要从数值模拟的角度来研究注水温度、注水速度、井网布置等参数对高凝油油藏开发效果和储层中的温度场、黏度场和剩余油分布场的影响。

一、模型建立

根据现场施工情况建立相应的数值模型（建立直角坐标，块中心模型），此模型主要研究温度场的变化，因此选择热采模型。该模型在平面上总网格数为 $10 \times 10 = 100$ 个，模拟井组的 1/4，反九点井网 x，y 方向的网格步长均为 80m，五点井网 x，y 方向的网格步长均为 56.6m，模型在垂向上分为 5 层，主要根据 Palogue 油田 Fal 块测井解释资料来进行分层，由上到下砂体厚度分别为：10.2m、30m、4.5m、12.5m、31.3m，各层有效厚度依次为 2.4m、0m、3.4m、0m、23.8m，累计有效厚度为 29.6m。模型总节点数为 500 个，净总厚度比为 0.334，平均孔隙度为 30.3%，平均渗透率为 $2999 \times 10^{-3} \mu m^2$，油层有效厚度为 29.6m，平均净总厚度比为 33.4%，脱气原油黏度（82.3℃）为 58.4MPa·s，原油密度为 $0.9113t/m^3$，底层温度 85℃，地层压力 12.42MPa，岩石比热为 1800kJ/（kg·℃），岩石热导率为 6.67W/（m·℃）。

影响温度场的因素主要有两类：第一类是油藏本身特征，包括原油黏度、岩石比热、岩石热导率、地层渗透率等；第二类是注采工艺与操作参数，包括注水速度、注水温度、井网模式等。在此，我们主要研究注采工艺对温度场的影响，主要对注水速度、注水温度、井网模式等因素进行敏感性分析。原油凝固点为 45℃，析蜡点为 65℃，故本次实验设定的注入水温度点有：凝固点以下设定 1 个温度（$T_2 = 40℃$），凝固点和析蜡点之间设定 1 个温度点（$T_3 = 55℃$），高于析蜡点设定 1 个温度点（$T_4 = 70℃$），地层温度下设定一个温度点（$T_5 = 85℃$）。

二、反九点井网模式敏感性分析

1. 注水温度的影响

注水温度对温度场的影响是一个非常重要的参数，随着温度的降低，注水的不断进入，注水井周围的温度不断下降，同时，冷水不断向生产井波及，使得生产井周围温度不断降低，对油藏的采收率有重要影响。在此，研究其他条件不变的前提下，分别设温度为 40℃、55℃、70℃、85℃，通过单位年模拟计算，不同注水温度下的生产数据见表 5-2。可以看出，随着注水温度的增加，各边井、角井累产油量逐渐增加，边井的最大差值为 437.2m^3，角井的最大差值为 2633.1m^3，累产油量差值 3245m^3，可知，注水温度对角井的影响比边井大。采收率随着注水温度的增加而增加，增幅较小。

表5-2 不同注水温度下的生产数据

注水温度/℃	边井 P1/m³	角井 P2/m³	边井 P3/m³	累注/m³	采出程度/%
40	140169.7	158301.5	140472.6	540000	9.80
55	140416.8	159298	140416.8	540000	9.83
70	140531.8	160135.2	140531.8	540000	9.85
80	140606.9	160974.6	140606.9	540000	9.88

绘制含油饱和度场，如图5-9所示。可以看出，随着注水时间的增加，含油饱和度逐渐降低，由注水井逐渐向生产井推进，推进方式呈扇形锥进，角井周围的含油饱和度高于边井。随着注水温度的增加，含油饱和度图的变化越来越明显。

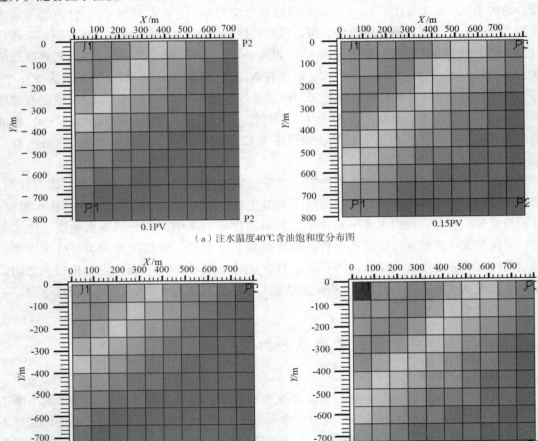

（a）注水温度40℃含油饱和度分布图

(b)注水温度55℃含油饱和度分布图

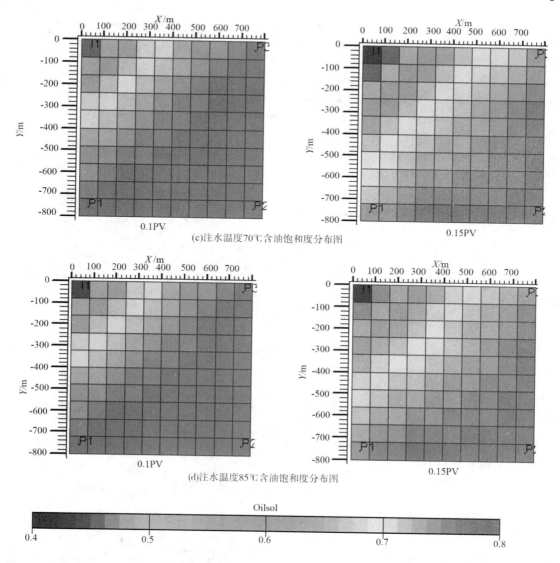

(c)注水温度70℃含油饱和度分布图

(d)注水温度85℃含油饱和度分布图

图5-9　不同注水温度下含油饱和度变化图

　　绘制温度场，如图5-10所示。从图中可以看出，随着注入体积的增加，注入水不断向两边井推进，且注水井周围的温度逐渐降低，随着注入温度的增加，注水井周围的降温幅度逐渐降低，整体来讲，注水波及的降温范围不大，降温明显的最大波及半径只有240m左右。结合温度场和析蜡点及凝固点的数据，可以方便计算出析蜡区域和凝固区域，析蜡区域最大为7%，凝固区域最大为1%，随着温度的升高，凝固区域消失，析蜡区域也逐渐减小，当注水温度为70℃时，只有流动区域。

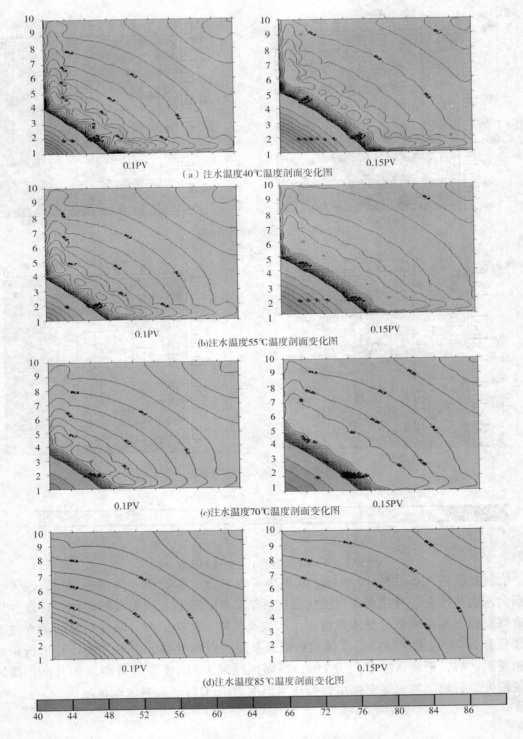

图 5-10　不同注水温度下温度剖面变化图

绘制黏度场,如图5-11所示。随着注水温度的增加,黏度等值线逐渐变得稀疏,主要是因为温度对黏度的影响较大,随着温度的增加,黏度差减小,在驱替过程中,黏度变化比较均匀,在注水温度为40℃时,黏度等值线密集,且注水井周围的黏度较高,随着注水温度的增加,注水井周围的黏度逐渐降低,当注水温度达到85℃时,黏度场的变化很小,只有几条稀疏的等值线。

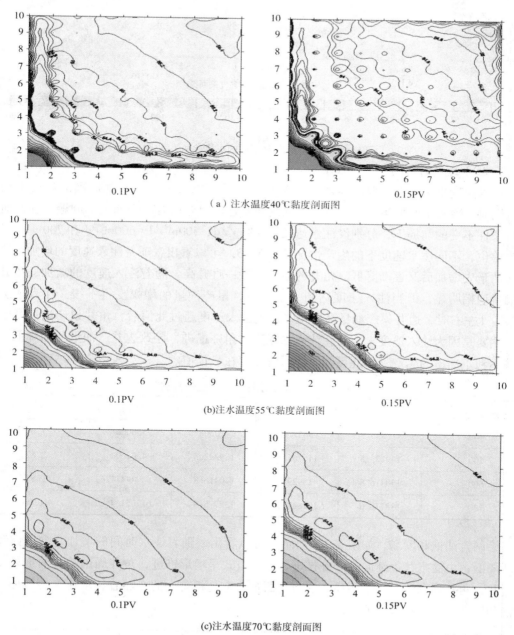

（a）注水温度40℃黏度剖面图

(b)注水温度55℃黏度剖面图

(c)注水温度70℃黏度剖面图

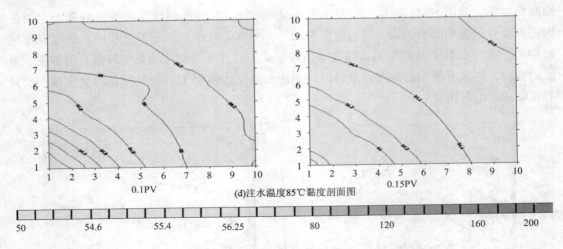

(d)注水温度85℃黏度剖面图

50   54.6   55.4   56.25   80   120   160   200

图 5-11 不同注水温度下的黏度剖面变化图

2. 注水速度的影响

注水速度也是一个重要的参数，随着低温水的不断进入，注水井周围的温度不断下降，同时，冷水不断向生产井波及，不同的注水速度对储层有一个速敏的问题，在此研究其他条件不变的前提下，分别设注水速度为400m³/d、500m³/d、600m³/d 和 700m³/d，以年为单位，不同注水速度下的生产情况见表5-3。可以看出，随着注入速度的增加，边井累产油量先增加后又逐渐降低，角井的累产油量一直升高，随着注入速度的增加，角井累产油量增幅明显，但当注入速度达到一定值后，累产油量的增幅变得平缓。注入速度在550m³/d 左右时，边井累产油量高于角井，当注入速度超过此值后，角井累产油量高于边井，主要是因为注入速度太大后，注入水径直向角井推进，导致边井产油量逐渐降低，这样并不利于油田的生产，由此可知，注水速度存在最优值。

表 5-3 不同注水速度下的生产数据

注入速度/（m³/d）	边井 P1/m³	角井 P2/m³	边井 P3/m³	累注/m³	采出程度/%
400	120823.9	99657.15	120808	360000	7.62
500	139125.5	116765.1	139212.3	450000	8.82
600	140416.8	159298	140416.8	54000	9.83
700	138778.6	172888.9	138778.3	617851.4	10.06

绘制含油饱和度场，如图5-12所示。可以看出，随着注水时间的增加，含油饱和度逐渐降低，由注水井逐渐向生产井推进，推进方式呈扇形锥进，角井周围的含油饱和度高于边井，角井周围波及还不明显，这与达西定律也是相吻合的，随着注水速度的增加，含油饱和度图的变化越来越明显。

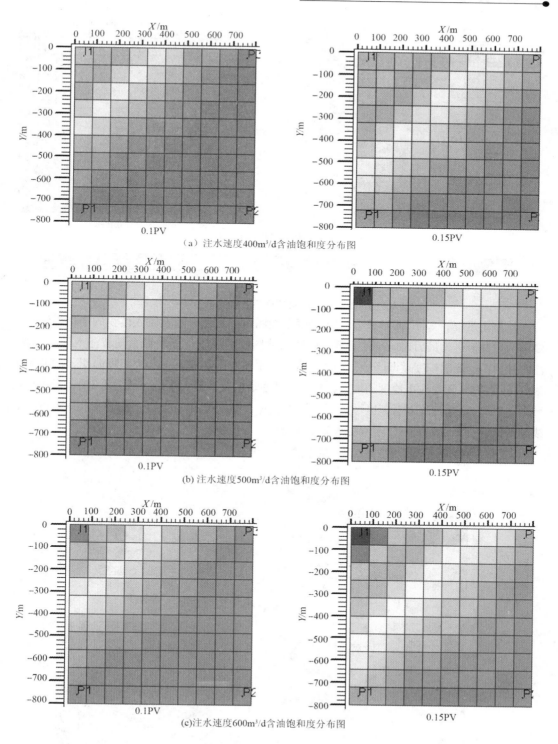

（a）注水速度400m³/d含油饱和度分布图

（b）注水速度500m³/d含油饱和度分布图

（c）注水速度600m³/d含油饱和度分布图

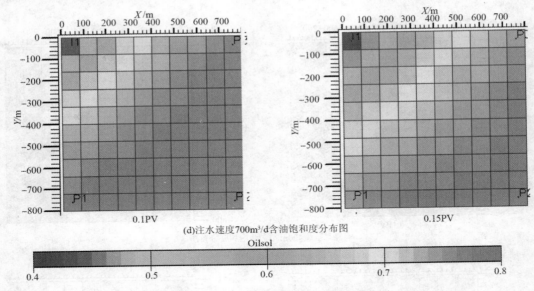

(d)注水速度700m³/d含油饱和度分布图

图 5-12　不同注水速度下含油饱和度变化图

　　绘制温度场，如图 5-13 所示。从温度剖面图可以看出，随着注入体积的增加，注入水不断向两边井推进，最后再向角井汇聚，且注水井周围的温度逐渐降低，随着注入速度的增加，注水井周围的降温幅度逐渐降低，整体来讲，注水波及的降温范围不大，降温明显的波及半径为 300m 左右。随着注水速度的增加，析蜡区域逐渐增大，最大析蜡区域为 4.3%，最小析蜡区域为 3.7%，注水速度对析蜡区域的影响较小。随着注入速度的增加，靠近注水井附近的等值线越密集，过了密集区后，随着注水速度的增加，等值线逐渐变得稀疏。

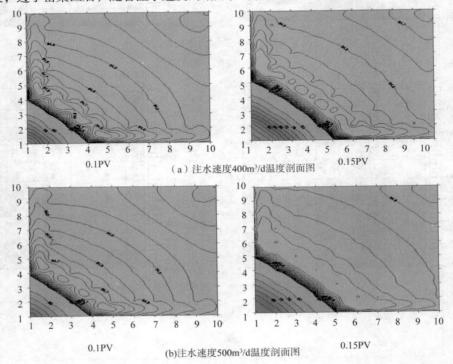

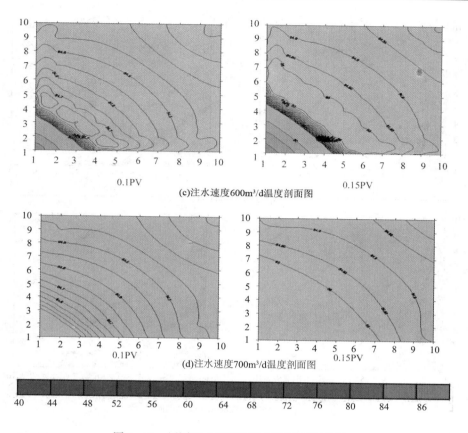

(c)注水速度600m³/d温度剖面图

(d)注水速度700m³/d温度剖面图

| 40 | 44 | 48 | 52 | 56 | 60 | 64 | 68 | 72 | 76 | 80 | 84 | 86 |

图5-13 不同注水速度下的温度剖面变化图

绘制黏度场，如图5-14所示。随着注入体积的增加，注入水不断向两边井推进，两边井形成较好的对称性推进，随着生产时间的增加，注水井周围的黏度逐渐增加，但影响范围不大，大约波及半径为200m，整体来讲，不同注水速度对黏度剖面分布图的影响较小。离注水井波及半径约200m的等值线分布较密集，存在一个黏度带，过后的范围，等值线分布又变得稀疏。在角井周围，几乎是一个等黏度区。

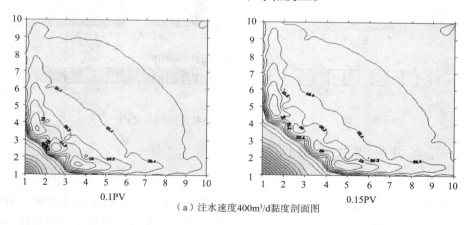

（a）注水速度400m³/d黏度剖面图

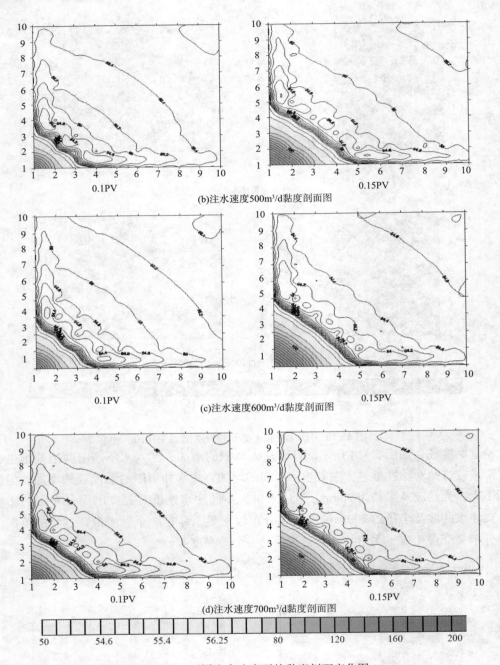

图 5-14　不同注水速度下的黏度剖面变化图

三、五点井网模式敏感性分析

1. 注水温度的影响

针对五点井网，在其他条件不变的前提下，研究注水温度对温度场的影响，分别设温度为40℃、55℃、70℃、85℃，通过单位年模拟计算，对温度场变化情况的对比分析如图

5-15 和图 5-16 所示。随着注入温度的增加，生产井累产油量逐渐增加，增加幅度由快到慢，含水率曲线随着注水温度的增加逐渐升高，当注水温度超过 55℃后，曲线变得平缓。采出程度随着注水温度的增加而增加，增幅较小，最低温度与最高温度的差值为 0.83%。

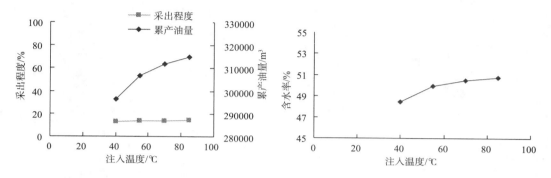

图 5-15　累产油量与注水温度的关系曲线　　　图 5-16　含水率与注水温度的关系

绘制含油饱和度场，如图 5-17 所示。可以看出，随着注水时间的增加，含油饱和度逐渐降低，由注水井逐渐向生产井推进，推进方式为圆弧形锥进，推进半径达 450m 后，注水沿注水井的对角线直线推进于生产井，生产井周围含油饱和度逐渐降低。随着注水温度的增加，含油饱和度图的变化越来越明显。

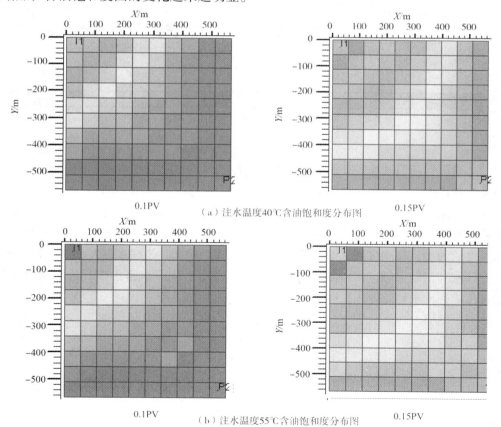

（a）注水温度40℃含油饱和度分布图

（b）注水温度55℃含油饱和度分布图

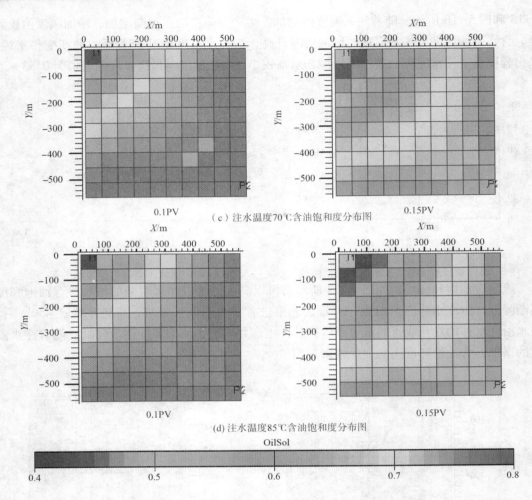

(c) 注水温度70℃含油饱和度分布图

(d) 注水温度85℃含油饱和度分布图

图 5-17 不同注水温度含油饱和度变化图

　　绘制含油温度场，如图 5-18 所示。可以看出，随着注入体积的增加，注入水不断向生产井推进，且注水井周围的温度逐渐降低，随着注入温度的增加，注水井周围的降温幅度逐渐降低，整体来讲，注水波及的降温范围不大，降温明显的波及半径 280m 左右。注水温度为 40℃时，出现凝固区域，凝固区域为 4.1%，此时的析蜡区域为 6.6%，随着注水温度的增加，凝固区域逐渐消失，析蜡区域逐渐增大，当注水温度为 70℃时，不会出现凝固区域和析蜡区域。等温线离注水井 320m 左右形成一个密集带，且注水温度越高，密集带越靠近注水井。

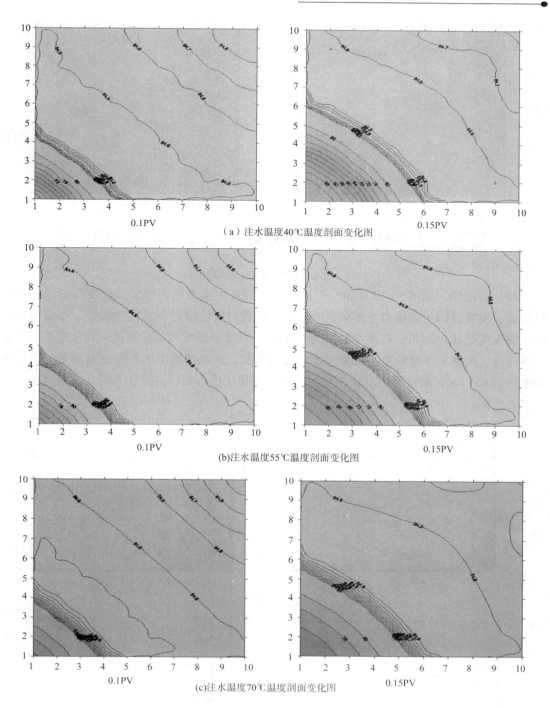

（a）注水温度40℃温度剖面变化图

(b)注水温度55℃温度剖面变化图

(c)注水温度70℃温度剖面变化图

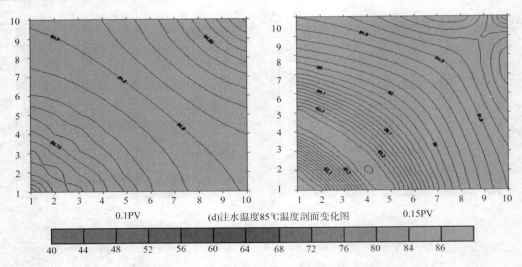

(d)注水温度85℃温度剖面变化图

40 44 48 52 56 60 64 68 72 76 80 84 86

图5-18 不同注水温度下温度剖面变化图

绘制黏度场,如图5-19所示。可以看出,随着注水温度的增加,黏度等值线逐渐变得稀疏,主要是因为温度对黏度的影响较大,随着温度的增加,黏度差较小,在驱替过程中,黏度变化比较均匀,在注水温度为40℃时,黏度等值线密集、散乱。且注水井周围的黏度较高,高达上千毫帕秒,随着注水温度的增加,注水井周围的黏度逐渐降低,当注水温度达到85℃时,黏度场的变化很小,只有几条稀疏的等值线。整体来讲,黏度等值线向生产井凸向。

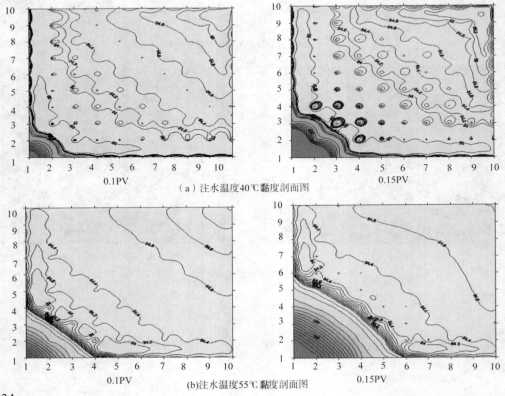

(a)注水温度40℃黏度剖面图

(b)注水温度55℃黏度剖面图

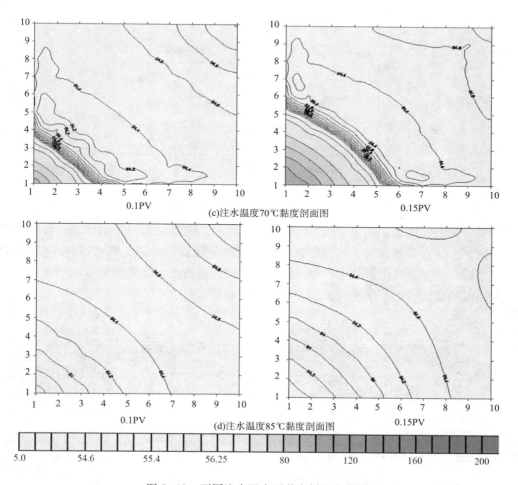

(c)注水温度70℃黏度剖面图

(d)注水温度85℃黏度剖面图

图5-19　不同注水温度下黏度剖面变化图

2. 注水速度的影响

对于五点井网，在其他条件不变的前提下，分别设注水速度为 400m³/d、500m³/d、600m³/d、700m³/d，通过年为单位，对温度场变化情况的对比分析如图5-20和图5-21所示。可以看出，随着注入速度的增加，生产井累产油量迅速增加，当注水速度达到600m³/d后，累产油量又逐渐降低；采出程度增加幅度比较平缓。含水率随着注水速度的增加逐渐增加，当注水速度达到600m³/d后，增幅变缓。

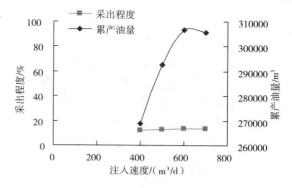

图5-20　累产油量随注入速度的变化

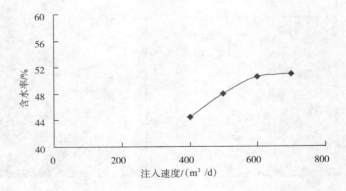

图 5-21　含水率与注水速度的关系

　　绘制含油饱和度场，如图 5-22 所示。可以看出，随着注水时间的增加，含油饱和度逐渐降低，由注水井逐渐向生产井推进，推进方式呈圆弧形锥进，随着锥进半径的增加，到一定值后，就呈直线推进到生产井。随着生产时间的增加，含油饱和度场变化明显，随着注水速度的增加，波及半径越大，含油饱和度越低。

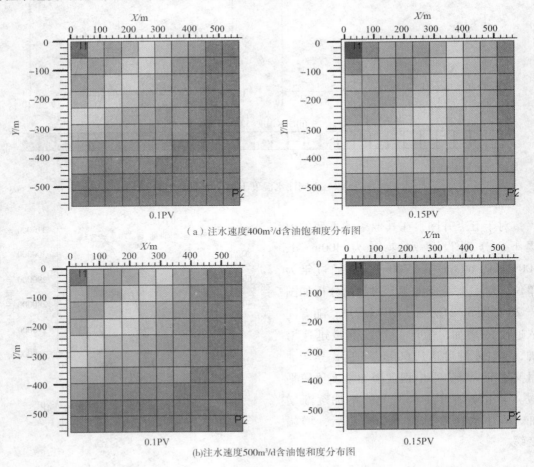

（a）注水速度400m³/d含油饱和度分布图

(b)注水速度500m³/d含油饱和度分布图

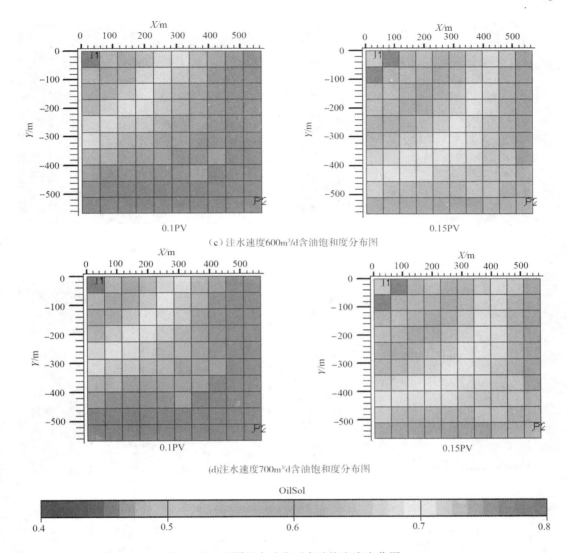

(c) 注水速度600m³/d含油饱和度分布图

(d)注水速度700m³/d含油饱和度分布图

OilSol

图 5-22　不同注水速度下含油饱和度变化图

绘制温度场，如图 5-23 所示。可以看出，随着注入体积的增加，注入水不断向生产井推进，且注水井周围的温度逐渐降低，随着注入速度的增加，注水井周围的降温面积逐渐增大，整体来讲，注水波及的降温范围不大，降温明显的最大波及半径约为 280m。随着注入速度的增加，析蜡区域逐渐增加，注入速度为 400m³/d 时，析蜡区域最小，为 6.6%，注水速度为 700m³/d 时，析蜡区域最大，为 8.1%，靠近注水井附近的等值线越密集，过了密集区后，随着注水速度的增加，等值线逐渐变得非常稀疏。

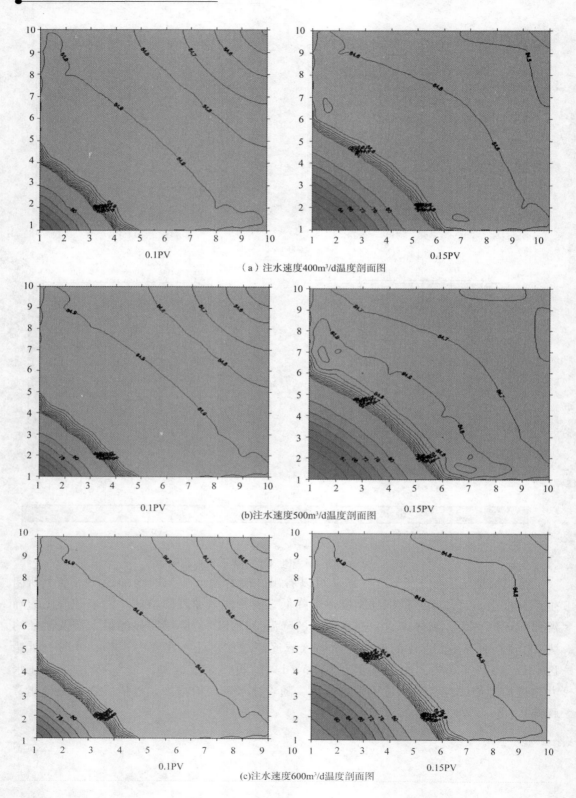

（a）注水速度400m³/d温度剖面图

(b)注水速度500m³/d温度剖面图

(c)注水速度600m³/d温度剖面图

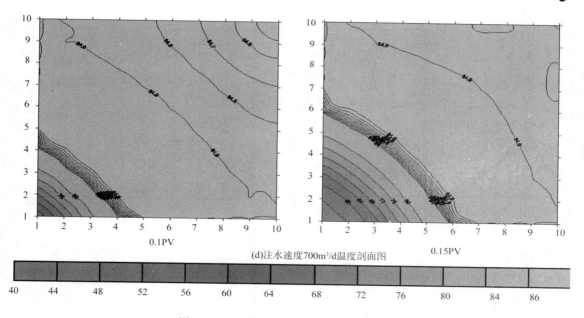

(d)注水速度700m³/d温度剖面图

图5-23 不同注水速度下温度剖面变化图

绘制黏度场,如图5-24所示。随着注入体积的增加,注入水不断向生产井推进,黏度等值曲线向生产井凸向,随着生产时间的增加,注水井周围的黏度逐渐增加,影响范围不大,大约波及半径为280m,随着注水速度的增加,注水井周围的黏度变化区域稍有增加,整体来讲,不同注水速度对黏度剖面分布图的影响较小。离注水井波及半径约280m的等值线分布较密集,存在一个黏度带,注水速度越大,黏度带离注水井的距离越远,过后的范围,等值线分布又变得稀疏。在生产井周围,几乎是一个等黏度区。

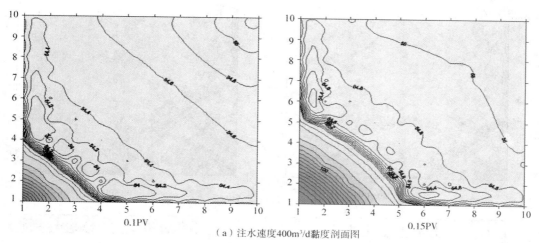

(a)注水速度400m³/d黏度剖面图

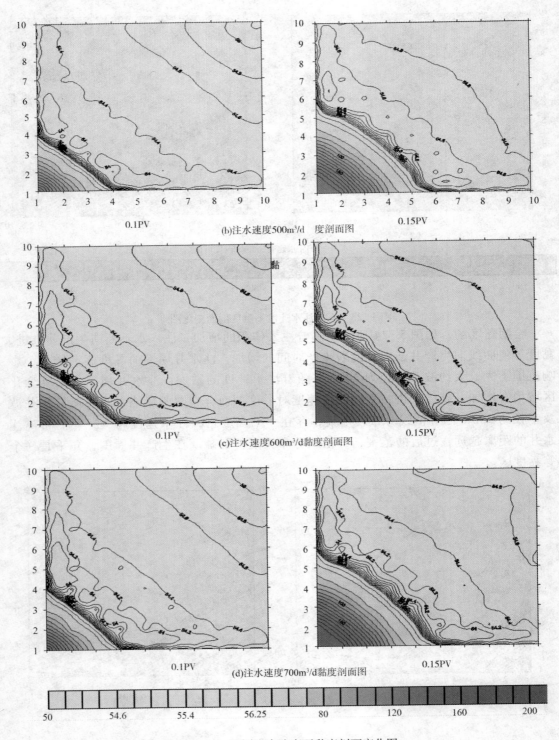

图 5-24　不同注水速度下黏度剖面变化图

3. 两种井网进行对比

从图 5-25 可以看出，在不同注水温度下五点井网的采出程度高于反九点井网，两者的采出程度相比，注水温度对五点井网更敏感一些，反九点井网随着注水温度的增加，采出程度的变化幅度非常小，五点井网稍大一点。从图 5-26 可以看出，在不同注水速度下，五点井网的采出程度高于反九点井网，随着注水速度的增加，五点井网的采出程度先增加，当注水速度达到 600m³/d 后约有降低，反九点井网的采出程度先迅速增加，达到 600m³/d 后增幅变得平缓。总体来讲，注水速度对两种井网的采出程度影响都较大。从图 5-27 可以看出，对于五点井网，随着注水温度的增加，含水率逐渐增加，当注水温度超过 55℃时，含水率增加变缓，对于反九点井网，随着注水温度的增加，含水率变化很小，注水温度对反九点井网的含水率影响很小。从图 5-28 可以看出，对于五点井网，随着注水温度的增加，含水率逐渐增加，当注水速度达到 600m³/d 后，含水率增加变缓；对于反九点井网，随着注水速度的增加，含水率迅速增加。注水速度对反九点井网的含水率比五点井网敏感。

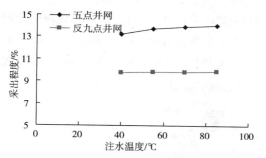

图 5-25　不同井网下采出程度与注水温度
关系曲线

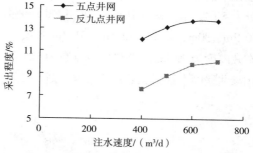

图 5-26　不同井网下采出程度与注水速度
关系曲线

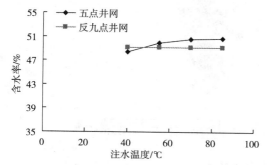

图 5-27　不同井网下含水率与注水温度
关系曲线

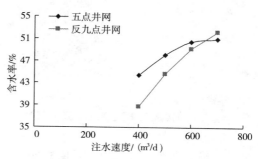

图 5-28　不同井网下含水率与注水速度
关系曲线

第三节　高含水期井网模式优化数值模拟

影响油藏开发效果的因素主要有两类：第一类是油藏本身特征，包括原油黏度、岩石比热、岩石热导率、地层渗透率等；第二类是注采工艺与操作参数，包括注水量、注水温度、井网布置方式等。通过物理模拟研究，得到了注采参数对高凝油油藏开发的影响，本节针对优化的驱油效率参数进行模拟，模拟65℃情况下，初期反九点井网开采，进入高含水期时角井转注转五点井网开采的温度场、黏度场、饱和度场，以及产油量等的相关变化情况。注水量为1200m³/d。

一、模型建立

根据储层参数建立直角坐标，块中心模型，此模型考虑储层热物性参数，选择热采模型。该模型在平面上总网格数为160×160＝25600个，模拟4个井组，网格步长均为20m，模型在垂向上分为5层，主要根据Palogue油田Fal块测井解释资料来进行分层，由上到下砂体厚度分别为：10.2m、30m、4.5m、12.5m、31.3m各层有效厚度依次为2.4m、0m、3.4m、0m、23.8m，累计有效厚度为29.6m。模型总节点数为128000个，纯总厚度比为0.334。地层参数、黏度数据和相渗曲线同本章第二节相关参数。图5-29为网格模型示意图。

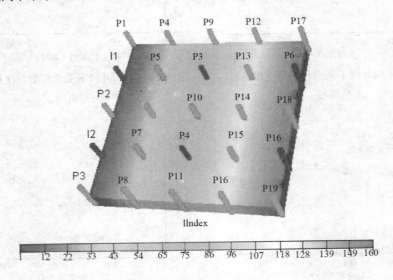

图5-29　网格模型示意图

二、生产动态预测

图5-30显示的是边井与角井的产油量变化曲线。实线条为调整井网的单井产油量，虚线条为反九点井网的单井产油量变化。从曲线上可以看到，生产初期，边井产量可达到

340m³/d，角井产量相对较低，可达到310m³/d。这是由于注采井距的不同使得注水受效时间不同而引起的。生产后期（18年）边井产量递减较快，角井产量变化较缓慢。做井网调整时，边井、角井产量分别为88m³/d、68m³/d。调整井网之后，由于改变了渗流通道，使原来不易波及到的区域重新被启动。原边井产量上升幅度较大，增加了近1倍，最高产量可达到155m³/d。

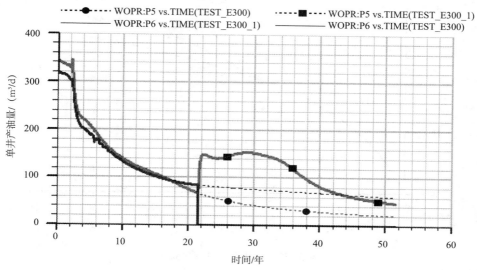

图5-30 单井产油量变化曲线

图5-31显示的是边井与角井的含水量变化曲线。实线条为调整井网的单井含水率，虚线条为反九点井网的单井含水率变化。从含水率变化曲线上可以看出，反九点井网的边井见水早，见水后含水上升快，角井见水晚，见水后含水上升快。调整井网后，打破了原来的高含水渗流通道，原边井的含水比原井网降低了6.5%，经18年后才恢复到原井网的含水率。由此可见，井网的调整对稳油控水所起的作用较大。

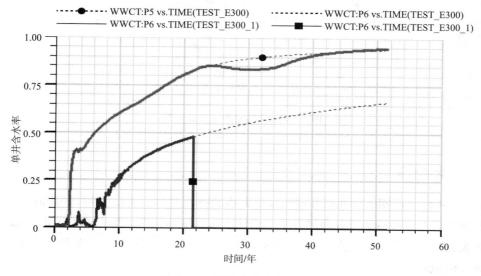

图5-31 单井含水率变化曲线

图 5-32 和图 5-33 分别显示的是两种方案下区块累计产油量以及采收率变化曲线。可以看到，井网调整对区块产量影响较大，调整后增油 3133498m³，约 288×10⁴t。采收率可提高 4.01%。

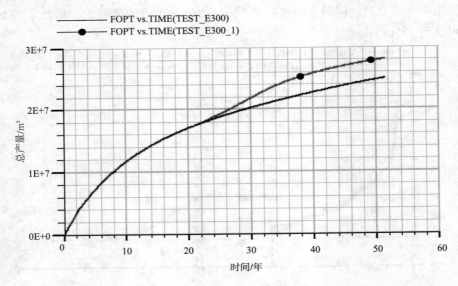

图 5-32　区块总产量变化曲线

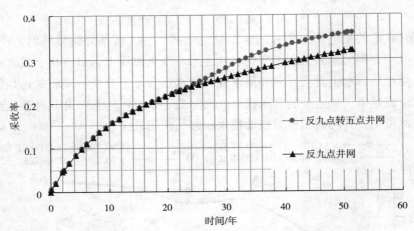

图 5-33　区块采收率变化曲线

三、场分布特征

图 5-34 是生产期末反九点井网以及反九点转五点井网开采的温度场分布图。从图中可以看出，反九点井网生产井温度几乎不受注入水温度的影响。反九点井网的高温区所占面积较大，而反九点转五点井网的低温区域面积较大，由此反映出了前者波及面积较小，后者波及面积较大。

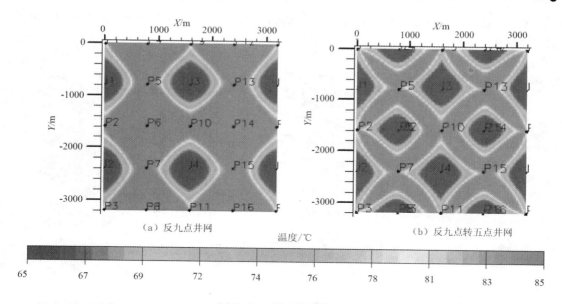

图 5-34　温度场分布图

图 5-35 是生产期末反九点井网以及反九点转五点井网开采的黏度场分布图。从黏度场分布图中可以看出,反九点井网近角井区域由于注入水基本未波及到,储层温度仍保持在85℃左右,所以黏度较低;近注水井区域,储层温度随注入水量的增加已有所降低,黏度较高。整体来看,由于注入水温度高于析蜡点,所以储层黏度范围较窄,对流度影响不大。

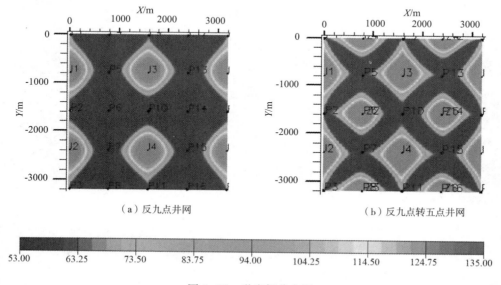

图 5-35　黏度场分布图

图 5-36 是生产期末反九点井网以及反九点转五点井网开采的饱和度场分布图。从图中可以看出,对于反九点井网,在角井处存在较大的死油区,面积可占单井控制面积的 1/4;

反九点转五点井网开采后，生产井连线上的含油饱和度稍高，与反九点井网相比，基本不存在死油区。

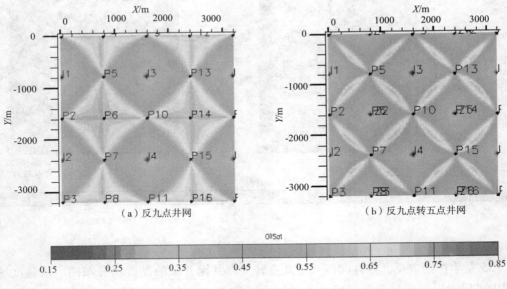

（a）反九点井网 　　　　　（b）反九点转五点井网

图 5-36　饱和度场分布图

参考文献

［1］刘慧卿，黄少云，毕国强，等．北小湖油田油层冷伤害实验研究［J］．石油大学学报：自然科学版，2001，25（5）：45－48．

［2］　　　，李晓光，陈振岩，等．辽河油区稠油及高凝油勘探开发技术综述［J］．石油学报，2007，28（4）：145－150．

［3］杨占伟，赵启双，陈刚，等．KS油田稠油油藏开发方式优化［J］．断块油气田，2012，19（增刊1）：21－24．

［4］温静．普通稠油油藏转换开发方式研究与实践［J］．断块油气田，2012，19（增刊1）：13－16．

［5］田乃林，冯积累，任瑛，等．早期注冷水开发对高含蜡高凝固点油藏的冷伤害［J］．石油大学学报：自然科学版，1997，21（1）：42－45．

［6］李鸿英，张劲军．蜡对原油流变性的影响［J］．油气储运，2002，21（11）：6－11．

［7］高鹏，张劲军，候磊．含蜡原油黏弹性与微观结构间关系的研究现状与分析［J］．石油天然气学报，2007，29（1）：136－139．

［8］张进军，黄启玉．剪切作用对含蜡原油低温流变性的影响［J］．油田地面工程，1993，12（4）：14－18．

［9］冯兵，何光渝，蒋华义，等．剪切历史对长庆含蜡原油流变性的影响研究［J］．润滑与密封，2009，34（4）：67－70．

［10］候磊，魏月先，贾玲玲，等．不同剪切速率下含蜡原油触变性的描述式［J］．油气田地面工程，2011，30（1）：33－34．

［11］李鸿英，丁建林，张劲军．含蜡原油流动特性与热历史和剪切历史的关系［J］．油气储运，2008，27（5）：16－20．

［12］冯兵，岳湘安，蒋华仪，等．热历史和剪切历史对长庆含蜡原油凝点的影响［J］．大庆石油学院学报，2009，33（6）：59－62．

［13］雷俊杰．热历史和剪切历史对含蜡原油凝点影响的实验研究［J］．辽宁化工，2012，41（3）：273－275．

［14］徐述华，鲍冲，吴芳云．濮城原油热处理中加入降凝剂之研究［J］．石油学报（石油加工），1986，2（3）：59－67．

［15］黄仲涛，陈丽云，张国锭，等．化学降凝剂对南海高凝高黏原油流变性能影响的探讨［J］．油田化学，1990，7（1）：46－52．

［16］张帆，张衍礼，李炯，等．采用降凝剂改善多蜡原油低温流变性研究［J］．油田化学，1991，8（3）：228－234．

［17］刘青林，张冬敏，高艳清．降凝剂在含蜡原油中作用规律的研究［J］．油气储运，1993，12（3）：1－5．

［18］刘忠晖．降凝剂的筛选、评价及机理探讨［J］．油气储运，1994，13（6）：20－23．

[19] 宋昭峥，孙洁，李传宪．降凝剂对高蜡原油流变性的改性效果分析 [J]．石油大学学报（自然科学版），2002，26（1）：52－55.

[20] 张金俊，关建宁，宋娜．降凝剂对原油中蜡晶形态的影响 [J]．石油学报（石油加工），2010，26（1）：27－30.

[21] 杨涛，王吉德，奚惠民．降凝剂对彩南原油流变性的影响 [J]．化学工程与装备，2012，13（5）：36－38.

[22] 李明，徐长安．含蜡原油流变参数黏度和析蜡点的测量 [J]．油气储运，1995，14（3）：61－63.

[23] 黄启玉，赵晨阳．一种新的原油析蜡量测定方法 [J]．油气储运，2005，24（9）：34－38.

[24] 王宏，杨胜来，牛彩云．高含蜡原油生产中析蜡和熔蜡规律实验研究 [J]．断块油气田，2010，17（5）：605－607.

[25] 李鸿英，冯颉．基于蜡晶显微图像的定量分析确定原油析蜡点 [J]．油气储运，2013，32（1）：23－26.

[26] Venkatesan R，Nagarajan N R，Pasoect K. The strength of Paraffin gels formed under static and flow conditions [J]．Chemical Engineering Science，2005，60：3587－3598.

[27] Kraynik A M. ER Fluid Standards：Comments on ER Fluid Rheology [J]．Proc，2nd Int. Conf. ER Fluids，1990.

[28] Wardhaugh L T，Boger D V. The measurement and description of the yielding behavior of waxy crude oil [J]．Journal of Rheology，1991，35（6）：1121－56.

[29] Cheng C，Boger D V. The yielding of waxy crude oils [J]．Ind. Eng. Chem. Res，1998，37（4）：1551－1559.

[30] Cheng C，Nguyen Q D，Rnniingsen H P. Isothermal start up of pipeline transporting waxy crude oil [J]．Journal of Non－Newtonian Fluid Mechanics，1999，87（2-3）：127－154.

[31] American Society for Testing and Materials. Standard test method for pour point of crude oils. ASTM D5853－95.

[32] American Society for Testing and Materials. Standard test method for pour point of petroleum products. ASTM D97－09.

[33] International Organization for Standardization [J]．Petroleum products：Determination of pour point. ISO 3016.

[34] Russian State Standard. Petroleum products. Methods of test for flow point and pour point. GOST，1991：20287－91.

[35] Pedersen，K S，Rønningsen，H P. Influence of wax inhibitors on wax appearance temperature，pour point，and viscosity of waxy crude oils [J]．Energy & Fuels，2003，17（2）：321－328.

[36] Rønningsen，H P，Karan，K. Gelling and Restart Behavior of Waxy Crude Oils from a North Sea Field：A Study on the Effect of Solution Gas，Mixing with Other Fluids and Pour Point Depressants [J]．In Proceedings of the 10th BHR International Conference on Multiphase '01，Cannes，France，June 2001：439－458.

[37] Venkatesan R，Singh P，Fogler H S. Delineating the pour point and gelation temperature of waxy crude oils [J]．SPE journal，2002，7（04）：349－352.

[38] Taraneh J B，Rahmatollah G，Hassan A. et al. Effect of wax inhibitors on pour point and rheological proper-

ties of Iranian waxy crude oil〔J〕. Fuel processing technology, 2008, 89 (10): 973 – 977.

〔39〕Wu Y, Ni G. Yang F. et al. Modified Maleic anhydride co – polymers as pour – point depressants and their effects on waxy crude oil rheology〔J〕. Energy Fuels, 2012, 26 (2): 995 – 1001.

〔40〕El – Gamal I M. Combined effects of shear and flow improvers: the optimum solution for handling waxy crudes below pour point〔J〕. Colloids and Surfaces A: Physicochemical and Engineering Aspects, 1998, 135 (1): 283 – 291.

〔41〕田乃林, 张丽华, 范增安. 高凝油渗流特征的实验研究〔J〕. 断块油气田, 1996, 3 (3): 33 – 37.

〔42〕陈仁保. 洪泽探区高凝油油藏渗流特征试验研究及开发模式优选〔J〕. 石油天然气学报（江汉石油学院学报）, 2007, 29 (5): 121 – 124.

〔43〕张建伟, 杨胜来, 王立军, 等. 裂缝性油藏高凝油渗流启动压力梯度的实验室研究〔J〕. 内蒙古石油化工, 2009: 77 – 78.

〔44〕李星民, 杨胜来, 张建伟, 等. 高凝油渗流中启动压力梯度及其影响因素研究〔J〕. 石油钻探技术, 2009, 37 (5): 114 – 116.

〔45〕姚传进, 雷光伦, 吴川, 等. 注热水开发潍北高凝油藏〔J〕. 油气田地面工程, 2011, 30 (2): 14 – 17.

〔46〕杨滨, 方洋, 姜汉桥, 等. 提高高凝油油藏水驱效率实验研究〔J〕. 钻采工艺, 2012, 35 (6): 94 – 97.

〔47〕朱维耀, 刘学伟, 石志良, 等. 蜡沉积凝析气 – 液 – 固微观渗流机理研究〔J〕. 石油学报, 2007, 28 (2): 87 – 89.

〔48〕马艳丽, 梅海燕. 石蜡沉积模型的改进〔J〕. 新疆石油天然气, 2006, 2 (2): 82 – 84.

〔49〕杨筱蘅. 输油管道设计与管理〔M〕. 东营: 中国石油大学出版社, 2006.

〔50〕Singh P, Venkatesan R, Fogler H S, et al. Formation and aging of incipient thin film wax – oil gels〔J〕. AIChE Journal, 2000, 46 (5): 1059 – 1073.

〔51〕Azevedo L F A, Teixeira A M. A critical review of the modeling of wax deposition mechanism〔J〕. Petroleum Science and Technology, 2003, 21 (3-4): 393 – 408.

〔52〕Burger E D, Perkins T K, Striegler J H. Study of wax deposition in the Trans Alaska Pipeline〔J〕. J. of Petroleum Tech., 1981, 33: 1075 – 1086.

〔53〕Won K W. Continuous Thermodynamics for Solid – Liquid Equilibria〔J〕. Wax Formation from Heavy Hydrocarbon Mixtures, A. I. Ch. E Meeting, Houston, TX, 1985.

〔54〕Won K W. Thermodynamics for Solid Solution – Liquid – Vapor Equilibria: Wax Phase Formation from Heavy Hydrocarbon Mixtures〔J〕. Fluid Phase Equilibria, 1986, 30: 265 – 279.

〔55〕Hansen. J H, Fredenslund A, Pedersen K S, et al. A Thermodynamic Model for Predicting Wax Formation in Crude Oils〔J〕. AIChE J., 1988, 34 (12): 1937 – 1942.

〔56〕Lira – Galeana C, Firoozabadi A, Prausnitz J M. Thermodynamics of wax precipitation in petroleum mixtures〔J〕. AIChE Journal, 1996, 42 (1), 239 – 248.

〔57〕Pauly J, Dauphin C, Daridon J L. Liquid – Solid Equilibria in a Decane Plus Multi – Paraffins System〔J〕. Fluid Phase Equilibria, 1998, 149 (1): 191 – 207.

〔58〕Coutinho JAP. Predictive Loeal Composition Models: NTRL and UNIQUAC and Their Application to Model

Solid – Liquid Equilibrium of n – Alkanes [J] . Fluid Phase Equlibria, 1999.

[59] Singh P, Youyen A, Fogler H S. Existence of a Critical Carbon Number in Aging of a Wax Oil Gel [J] . AIChE L, 2001, 47 (9): 2111 – 2124.

[60] Burger E. D, Perking T. K, Striegler J. H. Studies of Wax Deposition in the TransAlaska Pipeline [J] . JPT, 1981, 12 (3): 1075 – 1086.

[61] Hsu J J C, Santamaria M M. Wax Deposition of Waxy Live Crude Under Turbulent Flow Conditions. SPE 28480. The SPE 69 th Annual Technical Conference and Exhibition, New Orleans, LA., U. S. A., 1994: 179 – 191.

[62] Hsu J J C. Wax Deposition Scale – Up Modeling for Waxy Crude Production Lines [J] . OTC 7778, the 27 th Annual OTC, Houston, Texas, USA, 1995.

[63] Hsu J J C , Lian S J. Validation of Wax Deposition Model by a Field Test. SPE 48867, SPE International Conference and Exhibition, Beijing, 1998.

[64] 黄启玉, 张劲军, 严大凡. 一种新的蜡沉积模型 [J] . 油气储运, 2003, 22 (11): 22 – 25.

[65] 黄启玉, 李立, 范传宝, 等. 剪切弥散对含蜡原油蜡沉积的影响 [J] . 油气储运, 2002, 21 (12): 30 – 33.

[66] Zuo J Y, Zhang D. Wax formation from synthetic oil systems and reservoir fluids [J] . Energy&Fuels, 2008, 22 (4): 2390 – 2395.

[67] Hamidreza Karami Mirazizi, Wei Shang, Cem Sarica. Paraffin Deposition Analysis for Crude Oils under Turbulent Flow Conditions [J] . SPE159385, 2012: 45 – 56.

[68] 李培超, 孔祥言, 李传亮. 地下各种压力之间关系式的修正 [J] . 岩石力学与工程学报, 2002, 21 (10): 1551 – 1553.

[69] 徐献芝, 李培超, 李传亮. 多孔介质有效应力原理研究 [J] . 力学与实践, 2001, 23: 42 – 45.

[70] 徐艳梅, 郭平, 黄伟岗, 等. 大牛地气田储集层应力敏感性研究 [J] . 特种油气藏, 2007, 14 (3): 72 – 74.

[71] 阮敏, 王连刚. 低渗透油田开发与压敏效应 [J] . 石油学报, 2002, 23 (3): 73 – 76.

[72] 刘之的, 刘红现, 杨作明. 准噶尔盆地火山岩储层应力敏感性实验 [J] . 大庆石油地质与开发, 2012, 31 (2): 52 – 56.

[73] 郑荣臣, 王昔彬, 刘传喜. 致密低渗气藏储集层应力敏感性试验 [J] . 新疆石油地质, 2006, 27 (3): 345 – 347.

[74] 郭平, 张俊, 杜建芬, 等. 采用两种实验方法进行气藏岩芯应力敏感研究 [J] . 西南石油大学学报, 2007, 29 (2): 7 – 9.

[75] 罗瑞兰, 程林松, 李熙喆, 等. 低渗透储层岩石覆压实验变形特征分析 [J] . 天然气工业 2009, 29 (9): 46 – 49.

[76] 宋广寿, 熊伟, 高树生, 等. 致密储层应力敏感分析新方法及其对开发的影响 [J] . 水动力学研究与进展, 2008, 23 (2): 220 – 225.

[77] 黄远智, 王恩志. 低渗透岩石渗透率对有效应力敏感系数的试验研究 [J] . 岩石力学与工程学报, 2007, 26 (2): 410 – 414.

[78] 孙军昌, 杨正明, 魏国齐, 等. 不同孔隙类型火山岩储层渗透率应力敏感特征 [J] . 岩土力学, 2012, 33 (12): 3577 – 3584.

［79］孙军昌，杨正明，刘学伟，等. 特低渗储层不同渗流介质应力敏感特征及其评价方法研究［J］. 岩石力学与工程学报，2013，32（2）：324 – 332.

［80］贺玉龙，杨立中. 围压升降过程中岩体渗透率变化特性的试验研究［J］. 岩石力学与工程学报，2004，23（3）：415 – 419.

［81］董平川，江同文，唐明龙. 异常高压气藏应力敏感性研究［J］. 岩石力学与工程学报，2008，27（10）：2087 – 2093.

［82］李继红，曲志浩，陈清华. 注水开发对孤岛油田储层微观结构的影响［J］. 石油实验地质，2001，23（4）：424 – 428.

［83］靳文奇，王小军，何奉朋，等. 安塞油田长6油层组长期注水后储层变化特征［J］. 地球科学与环境学报，2010，32（3）：239 – 244.

［84］林玉保，张江，刘先贵，等. 喇嘛甸油田高含水后期储集层孔隙结构特征［J］. 石油勘探与开发，2008，35（2）：215 – 219.

［85］高辉，王美强，尚水龙. 应用恒速压汞定量评价特低渗透砂岩的微观孔喉非均质性—以鄂尔多斯盆地西峰油田长8储层为例［J］. 地球物理学进展，2013，28（4）：1900 – 1907.

［86］吴素英，孙国，程会明，等. 长期水驱砂岩油藏储层参数变化机理研究［J］. 油气地质与采收率，2004，11（2）：9 – 11.

［87］李健，李红南. 油藏开发流体动力地质作用对储集层的改造［J］. 石油勘探与开发，2003，30（5）：86 – 89.

［88］刘堂宴，马在田，傅容珊. 核磁共振谱的岩石孔喉结构分析［J］. 地球物理学进展，2003，18（4）：737 – 742.

［89］王学武，杨正明，李海波，等. 核磁共振研究低渗透储层孔隙结构方法［J］. 西南石油大学学报（自然科学版），2010，32（2）：69 – 72.

［90］李建胜，王东，康天合. 基于显微CT试验的岩石孔隙结构算法研究［J］. 岩土工程学报，2010，32（11）：1703 – 1708.

［91］白永强，李娜，杨旭，等. 基于原子力显微镜表征的含油储层微观孔隙结构分析及应用［J］. 东北石油大学学报，2013，37（1）：45 – 50.

［92］Isehunwa, S. O. , Olanrewaju, O. A simple analytical model for predicting sand production in aNiger delta oil field［J］. International Journal of Engineering Science and Technology, 2010, 2（9）：4379 – 4387.

［93］Selby, R. J. , Ali, S. M. , Mechanics of sand production and the flow of fines in porous media［J］. Journal of Canadian Petroleum Technology, 1988.

［94］Osisanya, S. O. Practical guidelines for predicting sand production. InNigeria Annual International Conference and Exhibition［J］. Society of Petroleum Engineers, 2010.

［95］Adeyanju, O. A. , Oyekunle, L. O. , Prediction of volumetric sand production and stability of well – bore in a Niger – Delta formation. InNigeria Annual International Conference and Exhibition［J］. Society of Petroleum Engineers, 2010.

［96］Morita, N. , Whitfill, D. L. , Fedde, O. P. , Levik, T. H. Parametric study of sand – production prediction: analytical approach［J］. SPE production engineering, 1989, 4（01）：25 – 33.

［97］Bruno, M. S. , Bovberg, C. A. , Meyer, R. F. , Some influences of saturation and fluid flow on sand production: laboratory and discrete element model investigations［J］. In SPE annual technical conference. 1996：447 – 461.

[98] Kessler, N., Wang, Y., Santarelli, F. J. A simplified Pseudo 3D model to evaluate sand production risk in deviated cased holes. SPE Annual Technical Conference and Exhibition [J]. Society of Petroleum Engineers, 1993.

[99] Addis, M. A., Choi, X., Gunning, J. The influence of the reservoir stress – depletion response on the lifetime considerations of well completion design [J]. In EUROCK 98. Symposium, 1998.

[100] Venkitaraman, A., Behrmann, L. A., Noordermeer, A. H., . Perforating requirements for sand prevention [J]. SPE international symposium on formation damage control. 2000：677 – 681.

[101] 汪永利，张保平. Fula 油田稠油油藏地层出砂机理实验研究 [J]. 石油勘探与开发，2002，29 (4)：109 – 110.

[102] Abass, H. H., Nasr – EI – Din, H. A., BaTaweel, M. H.. Sand Control：Sand Charaterization, Failure Mechanisms, and Completion Methods [J]. SPE 77686, 2002.

[103] Abass, H. H., Wilson, J. M., Venditto, J. J., and Voss, R. E. Sand Production Model for Safania Field [J]. SPE 25494, 1993.

[104] Essam, Petrobel, Wally, H. Effect of Water Injection on Sand Production Associated With Oil Production in Sandtone Reservoirs [J]. SPE 108297, 2007.

[105] Liangwen Zhang, Maurice B. Dusseault. Sand – Production Simulation in Heavy – Oil Reservoirs [J]. SPE 89037, 2004.

[106] 王利华，邓金根，周建良，等. 弱固结砂岩气藏出砂物理模拟实验 [J]. 石油学报，2011，32 (6)：1007 – 1011.

[107] 曾祥林，何冠军，孙福街，等. SZ36 – 1 油藏出砂对渗透率影响及出砂规律实验模拟 [J]. 石油勘探与开发，2005，32 (6)：105 – 107.

[108] 刘建军，裴桂红，李继祥，等. 弱胶结油藏大孔道出砂的渗流与管流耦合模型 [J]. 岩石力学与工程学报，2004，32 (增 2)：4726 – 4730.

[109] Boutt, D. F., Cook, B. K., Williams, J. R. A coupled fluid – soild model for problems in geomechanics：Application to sand production [J]. International Journal for Numerical and Analytical in Geomechanics, 2011, 35：997 – 1018.

[110] 薛世峰，马国顺，于来刚，等. 流固耦合模型在定量预测油水井出砂过程中的应用 [J]. 石油勘探与开发，2007，34 (8)：750 – 754.

[111] Yarlong Wang, Shifeng Xue. Coupled Reservoir – Geomechanics Model With Sand Erosion for Sand Rate and Enhanced Production Prediction [J]. SPE 73738, 2002.

[112] 宁廷伟，王成龙. 封堵大孔道技术的发展 [J]. 钻采工艺，1993，16 (4)：34 – 37.

[113] 葛家理. 油气层渗流力学 [M]. 北京：石油工业出版社，1986.

[114] 姜汉桥，陈明月. 分析注水井调剖的新方法 [J]. 石油大学学报（自然科学版），1994，18（增刊）：13 – 16.

[115] 曾流芳，赵国景，张子海，等. 疏松砂岩油藏大孔道形成机理及判别方法 [J]. 应用基础与工程科学学报，2002，03 (9)：268 – 276.

[116] 窦之林，曾流芳，张志海，等. 大孔道诊断和描述技术研究 [J]. 石油勘探与开发，2001，28 (1)：75 – 77.

[117] 李国娟，梁杰，李薇．测井资料识别大孔道的方法研究［J］．油气天地面工程，2008，27（9）：11－12.

[118] 吴诗勇，李自安，姚峰．储集层大孔道的识别及调剖技术研究［J］．2006，29（3）：245－248.

[119] 刘月田，孙保利．大孔道模糊识别与定量计算方法［J］．石油钻采工艺，2003，25（5）：54－59.

[120] Ring，J. N.，Wattenberger，R. A.．Simulation of paraffin deposition in reservoirs［J］．SPE 24069，1992.

[121] Bedrikovetsky，P. Improved waterflooding in reservoirs of highly paraffinic oils［J］．SPE 39083，1997.

[122]　　　，李晓光，陈振岩，等．辽河油区稠油及高凝油勘探开发技术综述［J］．石油学报，2007，28（4）：145－150.

[123] 田乃林，冯积累，任瑛，等．早期注冷水开发对高含蜡高凝固点油藏的冷伤害［J］．石油大学学报（自然科学版），1997，21（1）：42－45.

[124] 姚为英．高凝油油藏注普通冷水开采的可行性［J］．大庆石油学院学报，2007，31（4）：41－43.

[125] 高明，宋考平，吴家文，等．高凝油油藏注水开发方式研究［J］．西南石油大学学报（自然科学版），2010，32（2）：93－46.

[126] 赵刚，马远乐．高凝油藏热采数值模型研究［J］．石油勘探与开发，1995，22（2）：42－46.

[127] 高永荣，刘尚奇，张霞．沈84断块高凝油油藏开采方式模拟研究［J］．特种油气藏，1996，3（2）：18－21.

[128] 李菊花，凌建军．热水驱开采高凝油数模研究［J］．特种油气藏，2000，7（2）：25－27.

[129] 姚凯，姜汉桥，党龙梅，等．高凝油油藏冷伤害机制［J］．中国石油大学学报（自然科学版），2009，33（3）：95－98.

[130] 阳晓燕，杨胜来，吴向红．注水对高凝油藏温度场影响的数值模拟研究［J］．复杂油气藏，2011，4（3）：51－53.

[131] 王黎，饶良玉，李薇，等．苏丹P油田注水时机实验及数值模拟研究［J］．西南石油大学学报（自然科学版），2011，33（3）：109－114.

[132] 黄逸仁．毛细管流变仪的测量原理和应用［J］．石油学报，1994，15（4）：86－88.

[133] 聂向荣，杨胜来，曹力元，等．储层条件下的含蜡原油流变性研究［J］．断块油气田，2013，20（6）：755－758.

[134] 聂向荣，杨胜来，丁景辰，等．微观蜡晶特征在流变曲线上的宏观体现［J］，油气储运，2014，33（3）：255－258.

[135] 李传亮，孔祥言，徐献芝，等．多孔介质的双重有效应力［J］，自然杂志，1999，21（5）：288－292.

[136] 聂向荣，杨胜来，章星，等．颗粒尺度下砂岩出砂几何约束条件及毛管束模型［J］，科技导报，2014，32（6）：54－58.

[137] 聂向荣，杨胜来，丁景辰，等．计算砂岩出砂临界压力梯度的新方法［J］，科学技术与工程，2013，13（24）：7027－7029.

[138] 聂向荣，杨胜来．高凝油油藏冷伤害特征数值模拟［J］，石油钻探技术，2014，42（1）：100－104.

[139] 姜彬，邱凌．高凝原油析蜡点的不同确定方法与应用［J］．断块油气田，2014，21（3）：405－408.

[140] 王璐，杨胜来，孟展，等．高凝油油藏气水交替驱提高采收率参数优化［J］．复杂油气藏2016，9（3）：55－60.

[141] 廖长霖，吴向红，王喻雄，等．南苏丹高凝油油藏冷伤害机理研究［J］．西安石油大学学报（自然科学版），2016，31（4）：64－68.

[142] 陈浩，杨胜来，聂向荣，等．高凝油油藏原油析蜡超声波探测与分析［J］．科学通报，2015（33）：3263－3270.

[143] 陆辉，杨胜来，王玉霞，等．苏丹3/7区高凝油流变特性研究［J］．科学技术与工程，2012，12（13）：3222－3225.

[144] 吴晓云，杨胜来，周蓉，等．潜山油藏高含水期注气数值模拟研究［J］．内蒙古石油化工，2009（10）：172－173.

[145] 王璐，杨胜来，邢向荣，等．含气活油高凝油相渗曲线测定及特征［J］．断块油气田，2017，24（2）：226－229.